物理講義のききどころ　4

熱・統計力学のききどころ

熱・統計力学のききどころ

物理講義のききどころ 4

和田純夫 — 著

岩波書店

はじめに

　他の巻でも書いたことだが，このシリーズは2つの目標の実現を目指して書き始めた．第一は，受験参考書に負けない「学習者に親切」な教科書を書こうということ，そして第二は，大学の物理らしい「物理学の本質」が理解できる解説をしようということである．

　第一の目標をどのように目指したかは，この本を手に取っていただければすぐにわかっていただけるだろう．新しい知識の体系を理解するには，階段を一歩ずつ登っていかなければならない．そのためには，どこに階段があるのか，土台は何なのかを見きわめる必要がある．そこでまず，階段の一段一段を示すために，すべての内容を見開き2ページの項目に分割した．次に，その一段を登るためにはどこに力を入れなければならないのかを示すため，項目ごとに［ぽいんと］と［キーワード］を付けた．また，階段がどのようにつながっているのかを示すため，章ごとに［ききどころ］を示し，項目間の関係を表わす［チャート］を付けた．もちろん説明の仕方も，できるだけ丁寧にしたつもりである．

　読者の皆さんに物理をわかっていただき，試験でいい成績を取っていただきたいというのが筆者の願いであるが，単に問題解法のテクニックばかりでなく，物理学というものがどのように構成されているのか，その全体像も理解した気になっていただきたいとも願っている．これがこの本の第二の目標である．そのために，物理の本質にかかわることは多少面倒なことでも，正面から解説を試みた．学問をする以上はその本質を理解したいと思うのは当然のことである．そればかりでなく，一度本質を理解すれば，具体的な問題の解法もはるかに容易になるという，現実的な利点も忘れてはならない．

　この巻の対象は，熱力学および統計力学というものである．熱力学とは19世紀，まだ原子や分子というものの実在が信じられていない時代に，熱にかかわるさまざまな現象を関連づけた学問である．そして，その実体は何だかわからないが，熱，温度，エントロピーという量を抽象的に定義し，さまざまな現象との関係を調べた．実体のわからない量であっても，相互に整合的に成り立たなければならない関係式を調べることにより，種々の現象が理解できた．しかし前世紀終わりから今世紀にかけて，物質とは原子や分子の集合であることがわかり，熱やエントロピーを，現実の粒子の振舞いと結びつけて理解できるようになった．これが統計力学である．

　今でも，熱力学の議論を詳しく学んでから，統計力学に入るというコースが取られることも多い．しかしそれでは，実体がよくわからないままに

抽象的な量を取り扱うことになり，どこまでいっても物事の本質が理解できないというまどろっこしさを感じたというのが，筆者の個人的体験である．この本でも最初は簡単に熱力学を学び，対象とする現象に慣れることにするが，できるだけ早い段階で統計力学的見方を導入することにした．このような見方を身につけることで，現実の原子や分子の振舞いが，マクロな物体の性質を決めているのだということを，実感していただきたいというのが筆者の希望である．

　このシリーズは，筆者が東京大学教養学部で行なった講義が基礎となっている．この本全体としては筆者独自の味を出したつもりだが，部分的には他の書物の記述を参考にした所もある（書名は巻末にあげる）．これらの本の著者，および有意義なご教示をいただいた当学部物理教室の皆様に，ここでお礼を申し上げる．世の中にはすでに多数の熱力学，統計力学の教科書が出版されているが，この本もそれなりの役割を果たすことができればと願っている．

　　1994 年 11 月 24 日

和田純夫

この本の使い方

　この本で特に注目していただきたいのは，各章の［ききどころ］，各節の［ぽいんと］と［キーワード］である．まずそこを読んで，そこでは何を学ばなければならないのかを理解し，そして目的意識をもって本文を読んでいただきたい．［ぽいんと］や［キーワード］に書いてあることが具体的にはどういうことなのか，それが理解できれば，式の細かいことでわからないことがあっても，あまり悩まずに先に進むことを勧める（もちろん，後で再度考えてみることは重要だが）．

　また次のページに，各章の節見出しを使って，各項目間の関係を示した（チャート図）．ただし，表現は多少簡略にしてある．授業の進め方が教師により異なるので，授業の復習のときにどこを読んだらいいか，この図から考えていただきたい．また特定のことだけを早く知りたいと思うときにも，どれだけのことを学んでおかなければならないかがわかる．チャート図で二重線は，主要な流れを意味する．また点線は，無理にそこを通る必要はないが，通ったほうが理解は深まるということを意味する．また矢印で結ばれていない節を参照することもままあるが，その部分は無視しても全体の理解にはさしつかえないはずである．

　章末問題の難易度には，かなりばらつきがある．難しい問題には詳しい説明を付けたので，解けなくても例題だと思って解答を読んでいただければ，本文の理解はさらに深まるだろう．

　この本で強調したい「統計力学の基本原理（等重率の原理）」は，第4章に書かれている．そしてその原理を実際に適用するときの公式が，第5章，および第6章に説明されている．さまざまな式が出てくるので，慣れないうちは消耗な面もあるが，あくまでその基本は「等重率の原理」という単純なものであることを理解することが大切である．

●記法について

　節はたとえば，1.2節などと表わす．これは第1章の2番目の節という意味である．

　各節の式には，(1),(2)という数字が付いている．同じ節の式はこの形で引用したが，他の節の式はたとえば(1.2.3)というように引用した．1.2節の(3)式という意味である．

　章末問題は，たとえば1.2などと表わす．これは第1章の2問目という意味である．

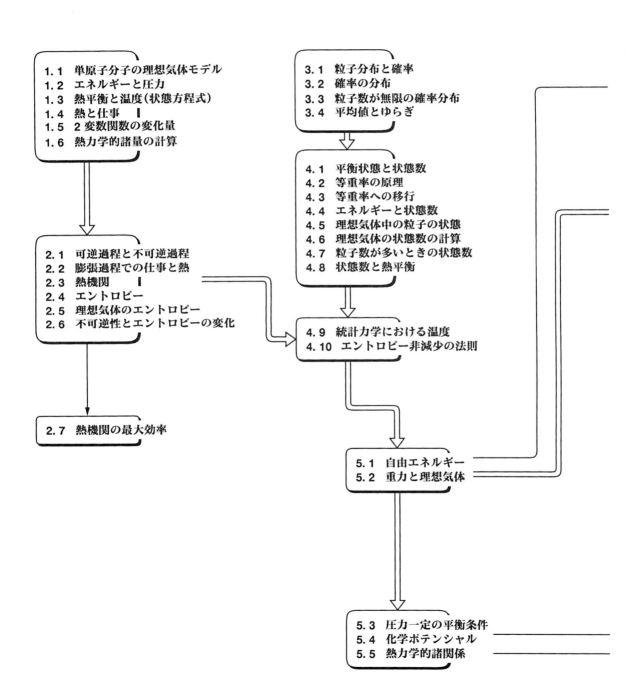

III 統計力学の応用

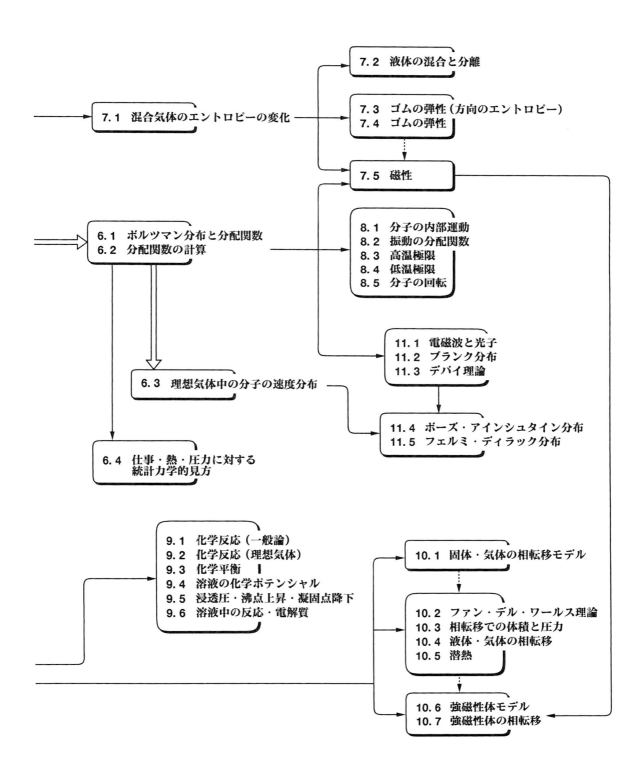

基本定数表

ボルツマン定数	k(または k_B)	1.3806×10^{-23} J·K^{-1} (J = kg m^2 s^{-2})
アボガドロ数	N_A	6.0221×10^{23} モル$^{-1}$
気体定数	$R(\equiv kN_A)$	8.3145 J·モル$^{-1}$K^{-1}
プランク定数	h	6.6261×10^{-34} J·s
	$\hbar(\equiv h/2\pi)$	1.0546×10^{-34} J·s
原子質量単位 (原子量1の粒子の質量)		1.6605×10^{-27} kg
摂氏零度		273.15 K
1 気 圧		1.01325×10^5 Pa (Pa = N m^{-2} = J m^{-1})
標準状態の理想気体の体積 (1気圧, 273.15 K, 1モル)		2.2414×10^{-2} m^3
1 カロリー		4.1868 J

本書で使われる主な記号 (上記のものを除く)

記号	意味	記号	意味
ε	1粒子のエネルギー	$\mathcal{F}$	ヘルムホルツの自由エネルギー
E	(全)エネルギー	F	ヘルムホルツの自由エネルギー $\mathcal{F}$ の最小値, $E-TS$ または $U-TS$
U	内部エネルギー($E-\{$外力によるポテンシャル$\}$)	$\mathcal{G}$	ギブスの自由エネルギー
$\bar{x}$	「x」という量の平均値	G	ギブスの自由エネルギー $\mathcal{G}$ の最小値, $F+PV$
M	粒子の質量	H	エンタルピー, $E+PV$ または $U+PV$
V	体 積		
P	圧 力		
N	粒 子 数	μ	(内部)化学ポテンシャル, $-T\left(\frac{\partial S}{\partial N}\right)_{E,V}=\left(\frac{\partial E}{\partial N}\right)_{T,V}=\left(\frac{\partial G}{\partial N}\right)_{T,P}=\frac{G}{N}$
m	モル数($\equiv N/N_A$)		
n	粒子密度($\equiv N/V$)または,量子的状態を指定する数(例外あり)	μ_e	外力による1粒子のポテンシャル
		$P(E)$	ある系がエネルギー E になる確率
T	温 度 $\left(\equiv\left(\frac{\partial S}{\partial E}\right)_V^{-1}\right)$	$p(E)$	ある系がエネルギー E をもつ,ある特定の状態になる確率
$\Delta'W$	仕 事	p_i	ある系が状態 i になる確率
$\Delta'Q$	熱	Z	系全体の分配関数
S	エントロピー($\equiv k\sigma$)	z	1粒子の分配関数
$\rho(E)$	状態数または状態数密度(Eというエネルギーをもつ状態の数)	β	$1/kT$
		ω	角振動数
$\rho_N(E)$	N個の粒子からなる系の状態数	ξ	反応進行度
σ	$\equiv \log \rho$	$\tilde{x}$	1モル当たり,1気圧での「x」
τ	$\equiv\left(\frac{\partial \sigma}{\partial E}\right)^{-1}=kT$	c	光 速 度
n_Q	量子濃度 $\left(\equiv\left(\frac{2\pi MkT}{h^2}\right)^{3/2}\right)$		

目　次

はじめに

この本の使い方（チャート図）

第I部　熱・統計力学入門

1 単純化された熱・統計力学 …………………………… 1
- 1.1 単原子分子の理想気体モデル
- 1.2 エネルギーと圧力
- 1.3 熱平衡と温度：状態方程式
- 1.4 熱と仕事
- 1.5 2変数関数の変化量
- 1.6 熱力学的諸量の計算

章末問題

2 理想気体の熱力学的諸過程 ……………………………… 15
- 2.1 可逆過程と不可逆過程
- 2.2 膨張過程での仕事と熱
- 2.3 熱機関
- 2.4 熱の計算（エントロピー）
- 2.5 単原子分子の理想気体のエントロピー
- 2.6 不可逆性とエントロピーの変化
- 2.7 熱機関の最大効率

章末問題

第II部　統計力学の原理

3 確率論入門 ……………………………………………… 31
- 3.1 粒子分布と確率
- 3.2 確率の分布
- 3.3 粒子数が無限の確率分布
- 3.4 平均値とゆらぎ

章末問題

4 統計力学の基本原理 ……………………………………… 41
- 4.1 平衡状態と状態数

- 4.2 等重率の原理
- 4.3 等重率への移行
- 4.4 エネルギーと状態数（具体例）
- 4.5 理想気体中の粒子の状態
- 4.6 理想気体の状態数の計算
- 4.7 粒子数が多いときの状態数
- 4.8 状態数と熱平衡
- 4.9 統計力学での温度とエントロピーの定義
- 4.10 エントロピー非減少の法則（熱力学第2法則）
- 章末問題

5 平衡状態を決める条件 ……… 63
- 5.1 自由エネルギー
- 5.2 重力と理想気体
- 5.3 圧力が一定の場合の平衡条件
- 5.4 化学ポテンシャル
- 5.5 熱力学的な諸関係
- 章末問題

6 ボルツマン分布と分配関数 ……… 75
- 6.1 ボルツマン分布と分配関数
- 6.2 分配関数の計算
- 6.3 理想気体中の分子の速度分布
- 6.4 仕事・熱・圧力に対する統計力学的見方
- 章末問題

第Ⅲ部 統計力学の応用

7 混合の統計力学 ……… 85
- 7.1 気体を混合したときのエントロピーの変化
- 7.2 液体の混合と分離
- 7.3 ゴムの弾性（方向のエントロピー）
- 7.4 ゴムの弾性（熱力学的な性質）
- 7.5 磁　性
- 章末問題

8 多原子分子の理想気体 ……… 97
- 8.1 分子の内部運動

8.2　振動の分配関数
　　　8.3　高温極限・古典力学的計算
　　　8.4　低温極限・運動の凍結
　　　8.5　分子の回転
　　　章末問題

9　化学反応と溶液の性質 …………………………………… 109
　　　9.1　化学反応（一般論）
　　　9.2　化学反応（理想気体）
　　　9.3　化学平衡の具体例
　　　9.4　希薄溶液の化学ポテンシャル
　　　9.5　浸透圧・沸点上昇・凝固点降下
　　　9.6　溶液中の反応・電解質
　　　章末問題

10　相　転　移 …………………………………………………… 123
　　　10.1　固体・気体の相転移のモデル
　　　10.2　ファン・デル・ワールス理論
　　　10.3　体積と圧力の関係
　　　10.4　液体・気体の相転移
　　　10.5　潜熱（クラウジウス・クラペイロンの公式）
　　　10.6　強磁性体の模型
　　　10.7　強磁性体の相転移
　　　章末問題

11　電磁波の統計力学と量子統計 …………………………… 139
　　　11.1　電磁波と光子
　　　11.2　プランク分布
　　　11.3　デバイ理論（固体の振動）
　　　11.4　量子統計（ボーズ・アインシュタイン分布）
　　　11.5　フェルミ・ディラック分布
　　　章末問題

　　　さらに学習を進める人のために
　　　章末問題解答
　　　索　　引

I 熱・統計力学入門

1

単純化された熱・統計力学：単原子分子の理想気体

ききどころ

　熱・統計力学では，きわめて膨大な数の粒子の集団を取り扱う．膨大な数の粒子1つずつの運動を計算することは不可能だが，集団全体としての振舞いならば理解できることが多い．つまり，個々の粒子の運動は忘れて，平均的な振舞いだけに着目すれば答が得られるからである．この章では，熱・統計力学の対象のうちでも最も単純な単原子分子の理想気体（原子が単独で自由に動き回っている気体）というものを取り上げる．それもいくつかの仮定を設け，単純化された計算を行なう．そしてエネルギー，圧力，温度といった熱力学的諸量の間の関係を学ぶ．この章で使った仮定は，後の章で，より基本的な原理から証明される．

1.1 単原子分子の理想気体モデル

ぽいんと

単原子分子の理想気体とは，大きさのない粒子（力学で，重さはあるが大きさのない質点というものを考えたのと同じ事情である）が自由に動き回っているという，きわめて単純化された気体のモデルである．それでも，熱・統計力学に現われる基本的な量や手法を学ぶための格好の題材になる．この節ではまず，単原子分子の理想気体の定義，および，それを熱・統計力学で取り扱うためにはどのような条件が必要かを説明する．

キーワード：単原子分子，内部エネルギー，理想気体，並進運動，内部運動

■ 単原子分子とは

気体とは，多数の分子が，互いにかなりの間隔をおいて動き回っている状態である．また分子とは，いくつかの原子が結合したものだが，その構造はさまざまである．たとえば，酸素分子は O_2 と表わされるように，酸素原子 O が2つ結合している．窒素（N_2）も，二酸化炭素（CO_2）も複数個の原子が結合している．しかし中には，1つの原子が単独で動き回っている場合もある．たとえば，ヘリウム（He），ネオン（Ne），アルゴン（Ar）などである．このようなものを，**単原子分子**と呼ぶ．

▶ O_2 や N_2 は2原子分子，CO_2 は3原子分子．そしてこれらを総称して多原子分子と呼ぶ．

当然のことだが，単原子分子はそうでないものより取り扱いが容易である．2原子分子だったら，互いに相手の回りを回るという回転運動や，2原子間の距離が変化する振動という現象を考えなければならない．しかし単原子分子だったら，原子全体の動きだけを考えればよい．それがこの章で対象を，特に単原子分子と限定する理由である．

▶ ただし，この章の結論は，多原子分子の気体にも通用するものが多い．

原子は電子と原子核からできているのだから，単原子分子でもその内部での運動が問題になると思う人もいるだろう．厳密にはそうなのだが，実際に電子の運動の変化を引き起こすには多くのエネルギーを必要とするので，通常の温度では電子の運動は考えずにすむ．詳しくは第8章参照．

■ 内部エネルギー

物質のエネルギーとは，それを構成している各粒子のエネルギーの総和である．そして各粒子のエネルギーとは，運動エネルギー（**並進運動**と呼ばれる粒子全体の運動，そして分子の回転運動や振動などの**内部運動**），物質内の粒子間に働く力による内部のポテンシャルエネルギー，そして外力（物質外から働く力，重力など）によるポテンシャルエネルギーの和である．このうち外力によるエネルギーを除いて計算した物質の全エネルギーを，この物質の**内部エネルギー**と呼び，通常 U という記号で表わす．物質固有のエネルギーだと考えればよい．

▶ 外力によるポテンシャルエネルギーを含めたものが，全エネルギーであり，通常 E と書く．

■単原子分子の理想気体

以上のことを頭に入れたうえで，単原子分子の理想気体というものを説明しよう．それは，次の条件を満たすような理想化された気体である．

条件1 各粒子(原子のこと)は大きさがないとする．

条件2 各粒子は，自由に動き回っているとする．つまり，粒子間には力は働いておらず，粒子間の力によるポテンシャルエネルギーは無視できるとする．よって，この気体の内部エネルギーは，個々の粒子がもつ運動エネルギーの総和である．

以上，2つの条件が，「理想気体」という言葉の意味である．

条件3 回転や振動などの，粒子の内部運動は考えない．したがって，粒子全体が前後左右に動く運動(つまり並進運動)だけを考えればよい．このことより気体の内部エネルギーは，各粒子の並進運動のエネルギーの総和となる．

この条件は粒子が単原子分子の場合に満たされるので，特に「単原子分子の理想気体」と限定したのである．回転や振動も取り入れた，「多原子分子の理想気体」に対する議論は第8章で行なう．

条件4 各粒子は，すべて同等に取り扱えるとする．これは，この物質に熱・統計力学が適用できるための基本条件である．すべての粒子が同等に取り扱えるからこそ，確率・統計の議論が適用できる．

「同等に取り扱える」ということの意味を少し説明しておこう．すべての粒子が同じ状態(同じ位置，同じエネルギー)にいるという意味ではない．状態は各時刻で，粒子ごとに異なる．しかし時刻により各粒子の位置もエネルギーも変化する．そしてある程度の時間間隔でその確率分布(たとえば，その時間内に，ある位置にいた確率はどれだけか，など)を調べると，どの粒子もすべて等しいという意味である．

この条件が成り立てば，各粒子の状態が個別にはわからなくても，全体としての平均が求まり，そして物体全体の振舞いが予想できる．これが熱・統計力学の考え方の基本である．

注意 この条件4については，第4章でさらに詳しく議論する．そこで使われる主な前提は，粒子はお互いに力を及ぼしあって絶えず違った状態に移り変わっており，その結果として平均的には，すべての粒子が同等に扱えるということである．しかし理想気体の場合，粒子間に力が働かない(条件2)のだから，エネルギーの移動はないことになってしまい，その意味では，条件4が保証されなくなってしまう．しかし理想気体というものを考えるときは，無視できる程度の粒子間の力，あるいは気体を囲んでいる容器の壁とのエネルギーのやりとりを通して，条件2も条件4も同時に，非常によい近似で成り立っているとして議論を進めることにする．

1.2 エネルギーと圧力

ぽいんと

前節で定義した単原子分子の理想気体は，統計的な手法を使えば数学的に厳密に取り扱うことができる．しかしこの章ではそれを避け，もっと単純化した計算を行なう．つまり，各粒子がいろいろな状態に分布しているのではなく，粒子はすべて，平均的な状態にあると仮定する．このような方法によっても，多くの正しい答が導ける．この節ではまず，内部エネルギーと圧力の関係を求めてみよう．

キーワード：圧力，単原子分子の理想気体の圧力と内部エネルギー，圧力の単位

■計算の単純化

理想気体のような単純な場合でも，各粒子のエネルギーはいろいろな値をとりうるので，本来は，予想される確率分布にしたがって，確率の計算をしなければ全体の振舞いは計算できない．それは第Ⅱ部で行なうが，ここでは簡便法として，粒子の速度やエネルギーなどすべての量を，その平均値で置き換えてしまうという粗っぽい計算をしてみよう．

まず体積 V の容器の中に，N 個の粒子からなる単原子分子の理想気体が入っているとする．そしてその全内部エネルギーを U とする．すると各粒子の平均エネルギー $\bar{\varepsilon}$ は

$$\bar{\varepsilon} = U/N \tag{1}$$

である．また各粒子のエネルギーは，並進運動のエネルギーであると前節で仮定した(条件3)ので，速度ベクトルを

$$\boldsymbol{v} = (v_x, v_y, v_z)$$

とすれば，分子の質量を M として

$$\bar{\varepsilon} = \frac{M}{2}(\overline{v_x^2} + \overline{v_y^2} + \overline{v_z^2}) = \frac{3}{2}M\overline{v_x^2} \tag{2}$$

である．速度は一般に方向によって異なるが，すべての粒子を平均すれば等しいだろうから，v_x で代表させた．方向についても平均値で置き換えるという手法は，以下の議論でも使用する．

▶ $\bar{\varepsilon}$ は粒子の平均エネルギー．記号の上に付いた「—」はこれ以降，平均値を意味する．

■気体の圧力

この気体が，体積 V の容器に閉じ込められているとする．粒子は容器の壁に衝突し跳ね返る．そのときに，粒子と壁の間にはエネルギーの移動は起きないとする．すると粒子は同じ速度で跳ね返る．（実際には，「平均としてはエネルギーは移動しない」というのが正しい考え方だろうが，ここでは「常に移動しない」とする．）

x 軸に垂直な壁を考えよう．粒子は壁にぶつかり，x 方向の力 f を受け，時間が Δt 経過したのち，同じ速度で跳ね返るとする．その際，速度の x

▶瞬間的に跳ね返るとすると，その瞬間には無限大の力が働くことになってしまうので，ここでは考えやすくするために，微小だが有限の時間 Δt だけ壁に接触していることにする．

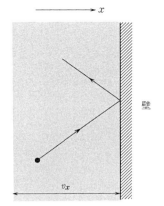

図1 粒子と壁の衝突．影のついた範囲の粒子が単位時間に壁にぶつかる．

▶圧力の単位：圧力とは，単位面積当たりに働く力．MKS単位系では単位を Pa(パスカル)と表わし，
 1 Pa = 1 N/m² = 1 kg/ms²
他によく使われる単位は，
1 気圧 = 1.013×10⁵ Pa
1 mb(ミリバール)
 = 1 hPa(ヘクトパスカル)
 = 1×10² Pa
(ヘクトとは 100 という意味)
1 Torr(トール) ≡ 1 mmHg
 = 133.3 Pa
(mmHg とは水銀が 1 mm 持ち上がる圧力)

方向の成分の符号が入れ替わる(図1)．すると運動量(質量×速度)の変化は

$$\text{運動量の変化} = Mv_x - M(-v_x) = 2Mv_x$$

話を簡単にするため，力 f は Δt の間，一定であるとする．すると力学の定理により，力と時間の積(力積)は運動量の変化に等しいから，

$$f \cdot \Delta t = 2Mv_x$$

という関係が成り立つ．(ニュートンの運動方程式によれば，運動量の変化率が力に等しい($M\Delta v/\Delta t = f$)から，$f \cdot \Delta t = M\Delta v$．つまり力積は運動量の変化に等しい．)

次に，壁が粒子から受ける圧力を考えよう．**圧力**とは，壁が単位面積当たりに気体の粒子から受ける力である．そしてそれは，作用・反作用の原理により，壁が粒子に与える力 f から計算することができる．

まず，単位時間に壁に衝突する粒子が，単位面積当たり α 個だとする．そしてすべての粒子が時間 Δt だけ壁と接触しているとすれば，各時刻において壁に接触している粒子数は，

$$\alpha \cdot \Delta t$$

である．したがって，圧力を P とすると

$$P = f \cdot \alpha \Delta t = 2\alpha M |v_x| \tag{3}$$

となる．また，衝突する粒子数は，容器中の粒子の密度に x 方向の速度を掛け，2で割ればよい(2で割るのは，壁に近づく粒子と遠ざかる粒子があるからである)．つまり容器の体積を V，全粒子数を N とすれば

$$\alpha = (N/V) \cdot |v_x|/2$$

である．

これを(3)に代入すると，各粒子ごとに異なる速度 v_x の2乗を，その平均値で代用して

$$P = \frac{N}{V} M \overline{v_x^2}$$

となり，最後に(2)を使って

$$P = \frac{N}{V} \frac{2}{3} \bar{\varepsilon} = \frac{2}{3} \frac{U}{V}$$

$$\Rightarrow \quad U = \frac{3}{2} PV \tag{4}$$

という結果が求まる．これが単原子分子の理想気体の，内部エネルギーと圧力に関する基本的な関係式である．

1.3 熱平衡と温度：状態方程式

ぽいんと

前節の計算では，気体の粒子が容器の壁に衝突したとき，エネルギーは変化せずにただ跳ね返るだけだと仮定した．しかし実際には，壁自体も原子から構成されているのだから，気体の粒子と衝突すれば，エネルギーのやりとりが起こる．そのやりとりが平均としてゼロならば，気体と容器は熱平衡の状態にあるという．熱平衡であるかどうかを表わすパラメータとして，温度という量を定義する．

キーワード：熱平衡，温度，ボルツマン定数，絶対温度，理想気体の状態方程式，モル数，アボガドロ数，気体定数，原子量，分子量

■容器とのエネルギーの交換

2つの粒子の衝突を考えてみよう．それをA, Bとし，衝突前にはBは静止していたとする．衝突後Bは動きだす．そのときBは運動エネルギーをもつ．したがってAの運動エネルギーは，その分だけ減少しなければならない．片方が静止していない場合は，衝突の仕方によりエネルギーの移動は異なる．しかし一般的な傾向としては，エネルギーはそれが大きい粒子から小さい粒子へと移動する．

▶2つの粒子全体としてはエネルギーは保存される．

気体中の粒子と，容器を構成している粒子の衝突でも，同様のことが考えられる．容器は固体だから，構成粒子が自由に動きだすことはないが，一般にはある位置を中心として揺れている（振動している）．もし最初，まったく振動していないとしたら，気体中の粒子が衝突したときに，容器の構成粒子はそれからエネルギーを受け取り，振動を始めるだろう．その代わりに，気体のエネルギーは減少する．最初に振動していたとしてもそれが小さければ，同様のことが起きる．

冷えた容器に熱い気体を入れると，容器はしだいに温まり，気体は冷える．これがまさに，今述べた現象である．逆に容器のほうが熱ければ，エネルギーは気体の方に移動する．また温度が等しければ，全体としてはエネルギーの移動は起こらない．これを**熱平衡**と呼ぶ．

■温　　度

今，熱平衡かどうかを判断する数として，「温度」という言葉を使った．では，温度とはそもそもどのように定義したらいいだろうか．

温度とは，もしそれが「2つの接触している物体において等しかったら，エネルギーの交換が，（少なくとも平均としては）起きない」という性質をもつ数として定義しよう．それぞれの物質の構造が異なれば，その具体的な定義も変わらざるをえない．

そこで理想気体の場合，それもある特定の単原子分子の理想気体に限っ

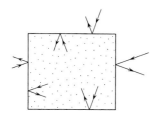

図1 容器の内側と外側からの原子の衝突

て話をしてみよう．まずある容器に，単原子分子の理想気体が詰まっていたとする．その容器の壁はきわめて薄くできていて，その外側はやはり同種の単原子分子の理想気体で囲まれていたとする．つまり，この2つの気体は直接衝突することはないが，薄い壁を構成している粒子を媒介として間接的に接触し，絶えずエネルギーを交換し合うとしよう（図1）．

気体の粒子は絶えず壁に衝突するので，一般には内側と外側の気体の間にエネルギーの移動が起こる．ではどのような場合に，移動の平均がゼロになるだろうか．それには，エネルギーの移動はあくまでも，2つの粒子の衝突のときに起きるということを考えればよい．つまり，エネルギーの移動を決めるのは気体全体のエネルギーではなく，各粒子のエネルギーである．したがって，容器内外の気体中の分子の平均エネルギーが等しければ，エネルギーの移動も平均としては起こらなくなると予想される．

このことより，粒子の平均エネルギー $\bar{\varepsilon}$ を使って温度を定義すればよいことがわかる．$\bar{\varepsilon}$ そのものでも構わないし，$\bar{\varepsilon}$ と一対一対応する数ならば何でもよい．そこで，温度（T とする）は $\bar{\varepsilon}$ に比例する数だとし，

$$\bar{\varepsilon} = \frac{3}{2}kT \tag{1}$$

▶異なる物質に対しては定義(1)も変えなければ，一般には温度は熱平衡の判定条件にはならない．しかし単原子分子の理想気体については常に(1)が使えることを，第4章で証明する．また，(1)の係数 3/2 の由来は，第4章で温度の一般的な定義をするとわかるが，分母の3は，粒子の運動の方向が (x, y, z) の3つあることに起因する．

と定義しよう．比例係数に現われる k はボルツマン定数（k_B とも書く）と呼ばれ

$$k = 1.3807 \times 10^{-23} \text{ J/K} \tag{2}$$

である．このように定義された温度（単位 K）は，通常，**絶対温度**と呼ばれているものである．摂氏で表わした温度とは

$$\text{絶対温度} = \text{摂氏の温度} + 273.15 \tag{3}$$

という関係にある．

▶J（Joule）= kg m²/s²，エネルギーの単位．

■状態方程式

▶圧力，体積，温度という，直接測定できる量の間の関係を表わす式を，**状態方程式**と呼ぶ．その形は一般に，物質の性質により異なる．

(1.2.4) を使うと，(1) より

$$U = N\bar{\varepsilon} = \frac{3}{2}kNT \Rightarrow PV = kNT \tag{4}$$

という関係式が求まる．これを**理想気体の状態方程式**と呼ぶ．第8章で説明するが，これは単原子分子でなくても一般の理想気体に対して成り立つ式である（前節(4)は変わるが，それに応じて上の(1)も変わる）．

▶アボガドロ数 N_A とは，中性子6個，陽子6個の炭素原子 12 g 中の原子数．また，原子がアボガドロ数集まったときの質量（g）を**原子量**という．上記の炭素原子は12で，水素原子は約1.008である．**分子量**も同様に定義される．

また，気体の粒子数を**アボガドロ数**（$N_A = 6.0221 \times 10^{23}$）という数を単位として表わすことがある．つまり，$N \equiv mN_A$ とし，この m を**モル数**と呼ぶ．これを使うと(4)は

$$PV = mRT \quad (R \equiv kN_A) \tag{5}$$

となる．ただし R は**気体定数**と呼ばれ，$R = 8.3145$ (J/K) である．

1.4 熱と仕事

> **ぽいんと**
>
> 気体の内部エネルギーの変化には2通りある．1つは容器の体積の変化をともなうもので，仕事と呼ばれる．もう1つは前節でも説明したもので，容器の体積は変化しないが，容器の壁あるいはその外側の物体と，内部の気体の分子がエネルギーをやりとりする現象である．このタイプのエネルギーの移動を熱と呼ぶ．
>
> キーワード：仕事，熱，撹拌（かくはん）

■仕　事

まず通常の力学における，仕事という概念を復習しておこう．ある物体に力 F を加えたとき，その物体が Δr だけ移動したとする．そのとき，この2つの量の積を，F がした**仕事**と呼ぶ．

$$\text{仕事}\quad \Delta'W \equiv \pm F \cdot \Delta r \tag{1}$$

（一般に ΔA と書けば，これは A の微小な変化分を意味している．しかし仕事に対しては，W という量があるわけではなく，$\Delta'W$ という変化分だけが定義されている．この違いを強調するために，Δ に $'$ を付けてある．）

▶仕事 $\Delta'W$ は，力学では
$\Delta'W = F \cdot \Delta r = |F|\cdot|\Delta r|\cos\theta$
（θ は F と Δr のなす角）
のようにベクトルの内積として定義されるが，この巻では $\theta=0$（平行）または $\theta=\pi$（逆平行）の場合だけしか考えない．したがって，$\Delta'W$ は力 F の方向と移動 Δr の方向が同じならば ＋，逆方向ならば － である．

力学の定理によれば，力 F が働いたときの物体のエネルギー U の変化は，この仕事に等しい．つまり，

$$\Delta U = \Delta'W(\text{物体のされる仕事}) = \pm F \cdot \Delta r$$

である．

気体が膨張して外部に仕事をする場合を考えてみよう．気体の圧力を P とする．つまり，気体は容器の壁を，単位面積当たり P の力で，面に垂直の方向に押している．

容器のある面が，微小な距離 Δl だけ動いたとしよう（図1）．その面の面積を S とすれば，力は全部で $P\cdot S$ である．したがって，気体のする仕事は(1)より

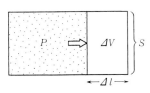

図1 気体の圧力と壁の移動

$$\Delta'W(\text{気体のする仕事}) = PS\cdot\Delta l$$

となる．体積の変化は $S\cdot\Delta l$ だから，それを ΔV と書けば

$$\Delta'W(\text{気体のする仕事}) = P\Delta V \tag{2}$$

という公式が求まる．（移動距離が微小なので，圧力 P は変化の前後で変わらないと考える．）また気体の体積が減るときは，気体は壁に対して負の仕事をしている．そのときは ΔV が負の変化になるので，(2)はやはり成り立っている．

気体が外部に仕事をしてエネルギーを与えれば，気体のエネルギーはその分だけ減らなければならない．つまり気体のエネルギーの変化は

$$\Delta U = -\Delta'W = -P\Delta V \tag{3}$$

と表わされる．

■気体の粒子のする仕事と熱

気体中の粒子が容器の壁を構成している原子に衝突すると，一般に原子は揺り動かされる．つまり，容器の壁が動いていないにしても仕事がなされたことになり，エネルギーが移動する．このようなエネルギーの移動を**熱**と呼ぶ．

熱というものは，仕事の場合と同様，エネルギーの「移動」の一形態であることに注意しよう．「物体がもつ（内部）エネルギー」という量は定義できる．それを分割した，運動エネルギー，ポテンシャルエネルギーという量も定義できる．しかし「熱エネルギー」というエネルギーは存在しない．熱とは粒子のエネルギーが，上記のような過程で変化したときの「変化分」を指す言葉である．そこで仕事の場合と同様に，熱によるエネルギーの移動を $\mathit{\Delta}'Q$ と，' を付けて表わすことにする．(3)と合わせれば

$$\mathit{\Delta} U = \mathit{\Delta}'Q - \mathit{\Delta}'W$$
$$= \mathit{\Delta}'Q - P\mathit{\Delta} V \qquad (4)$$

となる．熱の場合は，外部から気体へのエネルギーの移動と定義するので，符号はプラスである．

■かくはんによる $\mathit{\Delta}'Q$

図2 かくはんによる内部エネルギーの変化

(4)の2行目はエネルギーの変化を内部から見た式であることに注意．たとえば容器の中でプロペラを回す．液体はかくはんされて乱れが生じる．プロペラを止めれば乱れもしだいに無くなるが，そのエネルギーは液体の粒子1つずつに分配され，内部エネルギーが増加したことになる（図2）．

このような場合にも(4)が成立するとすれば，$\mathit{\Delta} V=0$ なのだから，エネルギーの増分は $\mathit{\Delta}'Q$ に対応させなければならない．$\mathit{\Delta}'Q$ は移動してくる熱であると説明したが，これはあくまで内部から見たときの表現である．外部から見ればプロペラを回しているのだから仕事になっている．

■熱力学的諸量の関係

今まで単原子分子の理想気体の状態を表わすのに，4つの変数を導入した．体積 V，圧力 P，内部エネルギー U，温度 T である．しかし，すべてが独立な量ではない．内部エネルギーは体積と圧力で決まるし(1.2.4)，また温度だけでも決まる(1.3.4)．また温度は，体積と圧力で決まる(1.3.4)．独立変数の数は2つだけなのである．単原子分子の理想気体でなければ，これらの量の間の関係式は変わる．しかし，独立な変数が2つであることには変わりはない．（U が T だけで決まってしまうのは理想気体の特殊事情であり，一般的には変数が2つ必要である．）また，粒子が出入りする過程を考えるときは粒子数 N も変数になり，独立変数は3つになる．

▶(4)の右辺が2つの項からなるのも，独立変数が2つあるからである．次節以降を参照．

1.5 2変数関数の変化量

ぽいんと

前節で，理想気体（一般の物質も同じことだが）の状態を表わす量のうち2つを決めると，他の量は決まってしまう，つまり独立な変数は2つであるということを説明した．ここでは，2変数からなる関数が微小変化する場合の取り扱い法を説明する．熱・統計力学全体を通して必須のテクニックである．

キーワード：2変数関数，偏微分

■ 2変数関数とその微分

2つの変数（x, yとする）により，他の変数（zとする）が決まるとすれば，zはxとyの関数として表わされる．それを

$$z = z(x, y)$$

と書くことにする．順番を変え，まずyとzの値を決めて，それからxを決める，あるいはzとxからyを決めるという式にすることもできる．それを

$$x = x(y, z), \quad y = y(z, x)$$

というように書く．

ここで，**偏微分**というものを復習しておこう．zはxとyの関数であるが，yをある値に固定してしまえば，xだけの関数とみなすことができる．したがって，zをxだけの関数とみなしてxで微分することも，通常の微分公式を使えばできる．それを

$$\left(\frac{\partial z}{\partial x}\right)_y$$

と表わすことにする．通常はdz/dxと書くところだが，もう1つyという変数があり，それをある値に固定して微分するということを強調した書き方である．

▶固定したyの値（$y = y_0$とする）を明示したいときは

$$\left(\frac{\partial z}{\partial x}\right)_{y=y_0} \text{あるいは} \frac{\partial z}{\partial x}(x_0, y_0)$$

とも書く．後者は，yをy_0に固定しただけでなく，$x = x_0$という所で微分をしたことも明示した表現である．

次の関係式も重要である．まず1変数の関数$z = z(x)$の微小な変化$\varDelta z$は，

$$\varDelta z = z(x + \varDelta x) - z(x) \simeq \frac{dz}{dx}\varDelta x \tag{1}$$

と表わされる（図1）．これは$\varDelta x$が小さいとき，その1次まで正しい近似式である．微分は区間$[x, x + \varDelta x]$のどこの値を取っても，1次の近似式としてはかまわないが，普通はxでの値とする．これとまったく同様に，

$$\varDelta z \equiv z(x + \varDelta x, y) - z(x, y) \simeq \left(\frac{\partial z}{\partial x}\right)_y \varDelta x \tag{1'}$$

という近似式も成り立つ．

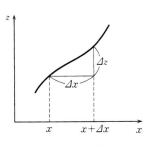

図1 微小な変化 $\varDelta z$

■ 2変数関数の微小な変化

次に x と y を，x, y からそれぞれ微少量 $\Delta x, \Delta y$ だけずらしたとする．
$$x \to x + \Delta x, \qquad y \to y + \Delta y$$
すると，z も少しずれる．
$$z(x, y) \to z(x+\Delta x, y+\Delta y) \equiv z(x, y) + \Delta z$$

Δz を，Δx と Δy から決める公式を導こう．これは(1')を使えば
$$\Delta z \equiv \{z(x+\Delta x, y+\Delta y) - z(x, y+\Delta y)\} + \{z(x, y+\Delta y) - z(x, y)\}$$
$$\simeq \frac{\partial z}{\partial x}\bigg)_y \Delta x + \frac{\partial z}{\partial y}\bigg)_x \Delta y \tag{2}$$

となる．微分は (x, y) でする．厳密にいえば $\partial z/\partial x$ は $(x, y+\Delta y)$ ですべきだろうが，Δy が微小なので，近似式としては y で計算して構わない．

■変化率と微分

(1)を書き直せば
$$\frac{\Delta z}{\Delta x} \simeq \frac{dz}{dx}$$

▶ dz/dx を1つの数とみなして微係数と呼んだり，x の関数だとみなして導関数と呼ぶこともある．

である．これは，x を微小に変化させたときの z の変化率(左辺)が，微分(右辺)というものに他ならないという，基本的な関係式である．

これと同じことを2変数の場合に考えよう．(2)で $\Delta y = 0$ とすれば
$$\frac{\Delta z}{\Delta x}(\Delta y = 0 \text{ のとき}) \simeq \frac{\partial z}{\partial x}\bigg)_y \tag{3}$$

となる．これは，y を一定とするときの，z の x に対する変化率が，右辺の偏微分であるという定義に他ならない．同様に z の y に対する変化率も求まる．

熱・統計力学では，よく第4の変数が問題となる．これを w としよう．独立変数の数が2つであるとすれば，w は x と y から決まる．順番を変えて x と w から y を決めることもできる．それを $y = y(x, w)$ と書けば
$$\Delta y \simeq \frac{\partial y}{\partial x}\bigg)_w \Delta x + \frac{\partial y}{\partial w}\bigg)_x \Delta w$$

である．次にこれを(2)に代入すると
$$\Delta z = \left\{\frac{\partial z}{\partial x}\bigg)_y + \frac{\partial z}{\partial y}\bigg)_x \frac{\partial y}{\partial x}\bigg)_w\right\} \Delta x + \frac{\partial z}{\partial y}\bigg)_x \frac{\partial y}{\partial w}\bigg)_x \Delta w$$

となる．そしてこれより，たとえば
$$\frac{\Delta z}{\Delta x}(\Delta w = 0 \text{ のとき}) \simeq \frac{\partial z}{\partial x}\bigg)_w = \frac{\partial z}{\partial x}\bigg)_y + \frac{\partial z}{\partial y}\bigg)_x \frac{\partial y}{\partial x}\bigg)_w \tag{4}$$

という関係が求まる．(3)との違いに注意しよう．z を x で偏微分するといっても，他のどの変数を一定にしているかで結果が異なるのである．

1.6 熱力学的諸量の計算

ぽいんと

物質の熱容量，圧縮率などの量は，前節で説明した偏微分を使って表わされる．単原子分子の理想気体の場合に，これらを具体的に計算してみよう．
キーワード：定積熱容量，定圧熱容量，等温圧縮率，断熱圧縮率

■熱力学的関係式のまとめ

前節までに得た諸関係をまとめておこう．まず，任意の物質に対して

$$\Delta U = \Delta'Q - P\Delta V \tag{1}$$

あるいは $\Delta'Q = \Delta U + P\Delta V \tag{1'}$

という関係が成り立つ．(1)のうち，仕事 $\Delta'W$ は具体的に $-P\Delta V$ と表わしたが，$\Delta'Q$ はまだそのままである．つまり前節の(2)という形にはなっていない．しかし以下に示すように，前節と同じ考え方を使えば，有用な関係式を導くことができる．($\Delta'Q$ は，エントロピーという量を使って具体的に表わすことができる．そのことは第2章で説明する．)

次に，単原子分子の理想気体の場合には

$$PV = kNT \ (= mRT) \tag{2}$$

$$U = \frac{3}{2}PV = \frac{3}{2}kNT \ \left(= \frac{3}{2}mRT\right) \tag{3}$$

という関係が成り立つ．特に(2)は，単原子分子でなくても理想気体ならば成り立つことを第8章で示す．

▶多原子分子の場合(3)は
$$U = \frac{3}{2}kNT + kNu(T)$$
という形になり，$u(T)$ は温度の複雑な関数である．ただし常温では
$$U = \begin{cases} \frac{5}{2}kNT (2原子分子) \\ 3kNT (3原子分子以上) \end{cases}$$
と近似できる(第8章参照)．

■熱力学的な諸量の計算

上記の関係式を使えば，理想気体に対して，次のような量を計算することができる．いずれも，ある1つの量を一定とした上で，他の量の偏微分を計算することになる．

[1] 定積熱容量 C_V

体積を一定に保ったまま，温度を1度上げるのに必要な熱を**定積熱容量**と呼ぶ．計算式は，$(1')$を使って

$$\text{定積熱容量} \quad \left.\frac{\Delta'Q}{\Delta T}\right)_{\Delta V=0} = \left.\frac{\Delta U}{\Delta T}\right)_{\Delta V=0}$$

である．これは物質の量に比例するが，1モル当たりの値を特にモル熱容量と呼ぶ．それを C_V と書けば，単原子分子ならば

$$C_V = \left.\frac{\partial U}{\partial T}\right)_V (N = N_A) = \frac{3}{2}kN_A = \frac{3}{2}R$$

[2] 定圧熱容量 C_P

単位体積の物質を，圧力を一定に保ったまま温度を 1 度上げるのに必要な熱を，**定圧熱容量**と呼ぶ．このとき体積は膨張するので，気体は仕事をする．そのためのエネルギーも外部から熱として供給しなければならないので，定積熱容量より大きい．実際，モル定圧熱容量（C_P と書く）は，(1′)，(2)，(3) を使えば

$$C_P \equiv \left.\frac{\varDelta' Q}{\varDelta T}\right)_{\varDelta P=0} = \left.\frac{\varDelta U}{\varDelta T}\right)_{\varDelta P=0} + P\left.\frac{\varDelta V}{\varDelta T}\right)_{\varDelta P=0}$$

$$= \left.\frac{\partial U}{\partial T}\right)_P + P\left.\frac{\partial V}{\partial T}\right)_P = \frac{5}{2}kN_A = \frac{5}{2}R$$

▶ 多原子分子の場合は章末問題 1.6 参照．

となる．

[3] 等温圧縮率 κ_T

温度を一定に保ったまま圧力を増したときの体積の収縮率を，**等温圧縮率**と呼び，通常 κ_T と表わす．計算式は

$$\kappa_T = -\frac{1}{V}\left.\frac{\partial V}{\partial P}\right)_T$$

である．これは (2) を使えば

$$\kappa_T = \left(-\frac{1}{V}\right)\left(-\frac{kNT}{P^2}\right) = \frac{1}{P}$$

と求まる．

▶ adiabatic ＝断熱

[4] 断熱圧縮率 κ_{ad}

熱を出入りさせないで圧力を増したときの体積の収縮率を，**断熱圧縮率**と呼び，通常 κ_{ad} と表わす．体積は減るので気体は仕事をされたことになり，エネルギーは増す．その結果温度は上がる．ところが気体は温度が上がると膨張する傾向にあるので，収縮率は減ることになる．つまり κ_{ad} は κ_T より小さい．

この量を計算するには，まず「断熱」ということからくる条件を知らなければならない．断熱とは $\varDelta' Q = 0$ ということだから，(1) と (3) より

$$-P\varDelta V = \varDelta U = \frac{3}{2}(P\varDelta V + V\varDelta P) \tag{4}$$

▶ 一般に
$\varDelta(AB)$
$\equiv (A+\varDelta A)(B+\varDelta B) - AB$
$\simeq A\varDelta B + B\varDelta A$
（微少量の 2 次式は無視する）．
したがって，
$\varDelta(PV) = P\varDelta V + V\varDelta P$

である．これを整理すれば

$$\kappa_{ad} \equiv -\frac{1}{V}\left.\frac{\varDelta V}{\varDelta P}\right)_{\varDelta' Q=0} = \frac{1}{V}\left(\frac{3/2\,V}{5/2\,P}\right)$$

$$= \frac{3}{5}\frac{1}{P}$$

章末問題

[1.3節]

1.1 標準状態（1気圧，0℃）の理想気体の，1 cm³ 中の分子数 N と，1モルが占める体積 V を求めよ．

1.2 標準状態での窒素分子の速度の2乗平均を，理想気体だとして計算せよ．窒素原子の原子量は14とせよ（原子量とは，1モル当たりのグラム数）．

[1.4節]

1.3 気体中のすべての分子が，x 方向に速度 v で動いているとする（図1）．それらの分子が，やはり x 方向に一定の速度 $u(<v)$ で動いている壁に弾性衝突するときの，衝突後の速度 v'，単位時間当たりの気体のエネルギー変化 ΔU を求め，$\Delta U = -P\Delta V$ の関係を確かめよ．

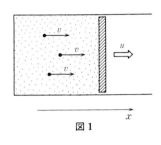

図1

[1.5節]

1.4 $z = x^2 + y^2 + xy$, $y = w + x^2$ としたとき，$\partial z/\partial x)_w$ を，次の2通りの方法で求めよ．
(1) z から y を消去してから計算． (2) (1.5.4)を使う．

1.5 $z = z(x, y)$ という関数があるとき

$$\left.\frac{\partial x}{\partial y}\right)_z \cdot \left.\frac{\partial y}{\partial z}\right)_x \cdot \left.\frac{\partial z}{\partial x}\right)_y = -1$$

を示せ．（ヒント：(1.5.2)を使って，$\partial x/\partial y)_z$ を求めよ．）

[1.6節]

1.6 単原子分子でない理想気体では，状態方程式は変わらず，内部エネルギーは

$$U = \frac{3}{2}mRT + mRu(T)$$

と書ける（u は分子の種類による，温度の関数）．このとき，1.6節で求めた4つの量がどう変わるか計算せよ．特に $C_P - C_V = R$（マイアーの関係式）を確かめよ．

1.7 理想気体に対して，等温弾性率 k_T と，断熱弾性率 k_{ad} を求めよ．ただし

$$k_T \equiv -V\left.\frac{\partial P}{\partial V}\right)_T, \quad k_{ad} = -V\left.\frac{\partial P}{\partial V}\right)_{\Delta'Q=0}$$

2
理想気体の熱力学的諸過程

ききどころ

　気体が温度や体積を変えながら,外部と熱や仕事のやりとりをする過程を考える.さまざまな過程が考えられるが,典型的なものに対して熱や仕事の出入りを計算する.また熱の移動の計算に便利な,エントロピーという量を導入する.

　さまざまな過程のなかで,変化を逆にたどれるものを可逆過程と呼び,たどれないものを不可逆過程と呼ぶ.そして,可逆過程では全系のエントロピーが不変であり,不可逆過程では増えている.いずれにしても,エントロピーは減少しない.この経験的な事実を熱力学第2法則と呼び,永久機関というものが不可能な理由にもなっている.この章ではエントロピーという量を熱の移動から定義するが,第4章ではよりミクロな立場から再定義する.そのときにはじめて,この法則の物理的意味づけが明らかになる.

2.1 可逆過程と不可逆過程

> **ぽいんと**
>
> 気体を膨張させ周囲に仕事をさせる．その過程をまったく逆にたどり収縮させて，気体もその周囲の状態も，同時にもとに戻すことができるとき，それを**可逆過程**と呼ぶ．それに対し，気体がもとの状態に戻っても，周囲には何らかの痕跡が残る場合，**不可逆過程**と呼ぶ．可逆過程の例として準静断熱膨張と準静等温膨張を，また不可逆過程の例として自由断熱膨張というものを説明する．
>
> キーワード：可逆過程，不可逆過程，準静断熱膨張，準静等温膨張，自由断熱膨張，熱浴

■準静断熱膨張

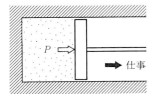

図1 気体が膨張し，ピストンに仕事をする．

気体が，熱をまったく通さない壁(つまり断熱壁)により囲まれているとする．そして壁の一方がピストンのように動き，気体の膨張・収縮により外部と仕事のやりとりができるようになっているとする(図1)．

そして，気体がピストンの壁を押す力と，外部から壁を押さえる力を等しくしたまま，壁を無限小の一定の速度で動かしたとする．このような無限小の速度での変化を「準静的な過程」という．

ここでは気体を断熱的に膨張させる過程を考えているので，これを特に**準静断熱膨張**と呼ぶ．これは可逆過程である．ピストンにバネなどをつなげておき，気体がピストンにした仕事をエネルギーとして蓄えておき，次にこのエネルギーを使って，こんどは気体を，やはり準静的かつ断熱的に収縮させれば，気体もバネも最初の状態に戻る．

■準静断熱過程における諸量の変化

以下，理想気体に限定するが，多原子分子に一般化し，

$$U = \alpha kNT = \alpha mRT \quad (\alpha \text{ は定数}) \tag{1}$$

として計算を進める．準静断熱的に気体を膨張させたときに，気体の圧力あるいは温度がどう変化するかを調べよう．このとき $\varDelta'Q = 0$ (断熱)であるから，(1.6.4)を一般化すると，

$$\frac{\varDelta P}{\varDelta V} = \frac{\partial P}{\partial V} = -\frac{\alpha+1}{\alpha}\frac{P}{V} \quad (\varDelta'Q = 0 \text{ のとき})$$

である．これを解けば，圧力が体積の関数として求まる．実際

$$P = AV^{-\gamma} \quad (A, \gamma \text{ は定数}) \tag{2}$$

という形になると仮定し上の式に代入すれば，

$$\gamma = \frac{\alpha+1}{\alpha} \tag{3}$$

となる．比例係数 A は初期条件から決まる．状態方程式 $PV = kNT$ も使えば，これより

▶1.6節で述べたように
$\alpha = \frac{3}{2}$ (単原子分子)
$\alpha \simeq \frac{5}{2}$ (2原子分子)
$\alpha \simeq 3$ (3原子分子以上)
ただし，下の2つは常温での近似値．

▶モル熱容量(1.6節)で表わすと，$\alpha = C_V/R$, $\gamma = C_P/C_V$ である．

$$PV^\gamma = 一定, \quad P^{1-\gamma}T^\gamma = 一定, \quad TV^{\gamma-1} = 一定 \qquad (4)$$

という関係式が得られる．体積が増せば，圧力も温度も下がる．

■準静等温膨張

気体は膨張すると仕事をするので，断熱過程では気体のもつエネルギーが減少し，温度が下がる．そこでこんどは，減少した分だけ，常に壁を通して熱が補給され，温度が一定に保たれている場合を考える．

このような状況を実現するには，気体の容器全体を，気体と同じ温度の大きな物体でおおい，壁を通して熱が伝わるようにしておけばよい．このようなものを，**熱浴**と呼ぶ．熱浴で囲んでおけば，膨張して温度が下がりかけても，そこから熱が補給されるので温度が一定に保たれる(図2)．

このような状態で気体を膨張させたとき，これを可逆過程にするためには，やはり準静的に，つまり限りなくゆっくり変化させ，気体と熱浴を常に同じ温度に保てばよい．常に温度が等しいのならば，この過程を逆にたどることもできる．気体を限りなくゆっくり収縮させれば，気体の温度が上がりかけても熱浴に熱が逃げるので，温度が一定に保たれる．そして膨張のときに吸収される熱と，収縮のときに放出される熱が等しいことも，エネルギー保存則を考えればわかる．つまりこれは，可逆過程である．

ここで，気体と熱浴が厳密に同じ温度でなければならないことに注意しておこう．熱浴のほうが熱いと，気体の膨張のときに温度を下げないように熱浴は気体に熱を与えることはできるが，気体の収縮のときに温度を上げないように，高い温度の熱浴が気体の熱を吸収するわけにはいかない．なぜなら熱は，温度が低い所から高い所へは流れないからである．

▶熱浴自身の温度変化は熱浴がとても大きいので，気体の温度変化に比べて無視できるほどに小さい．

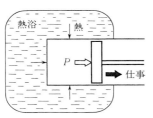

図2 熱浴により，一定の温度に保たれる．

▶可逆過程であるための条件が少しでも破れれば，不可逆過程になる．したがって現実に起こるプロセスには，多少なりとも不可逆性がある．

■不可逆過程の例

気体の容器が一部仕切られていて，片側は真空であったとする．そしてその仕切りが，瞬間的に無くなったとする．その瞬間，気体は容器全体に広がるだろう．これを**自由断熱膨張**と呼ぶが，不可逆過程である(図3)．実際これをもとの場所に戻すには，気体に外部から仕事を加えて押し込まなければならない．しかし最初の膨張のとき気体は外部に一切仕事をしていないのだから，外部はエネルギーを一方的に消費することになる(次節参照)．

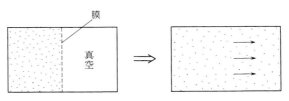

図3 自由断熱膨張．膜がなくなると右側へ膨張する．

2.2 膨張過程での仕事と熱

ぽいんと

前節で説明した過程における仕事と熱の移動を計算し，エネルギーの収支を考える．
キーワード：V-P 曲線と仕事，平衡状態，非平衡状態

■準静等温膨張における仕事と熱

気体が準静等温膨張し，体積が V_1 から V_2 へ変化したとき，この気体が外部にした仕事と，外部から受けた熱を計算しよう．

理想気体の内部エネルギーは，温度だけで決まる．すなわち等温変化ならばエネルギーは変わらない．したがって，外部に対してした仕事と，外部（熱浴）から受けた熱は等しい．

熱の移動を直接計算する方法はまだ学んでいないので，ここでは仕事のほうを計算しよう．体積が微小に変化したときの仕事は $P\varDelta V$ だから，たとえば体積が V_1 から V_2 へと変化したときの仕事は，

$$\text{仕事} = \sum_{V_1 \to V_2} P\varDelta V = \int_{V_1}^{V_2} P(V) dV \tag{1}$$

となる．つまり圧力 P を体積 V の関数として表わし，それを積分すれば仕事が求まる．変化の過程を P 対 V のグラフ（V-P 曲線）で表わせば，仕事は図1の斜線の部分の面積に等しい．

(1)は任意の物質に対して成り立つ一般的な関係式である．特に理想気体の場合は $P = kNT/V$ であるから，これを(1)に代入して

$$\text{仕事} = \int_{V_1}^{V_2} \frac{kNT}{V} dV = kNT \log(V_2/V_1) \tag{2}$$

となる．全エネルギーは一定なのだから，これは外部から受けた熱の量に等しい．

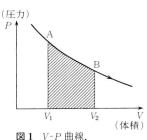

図1 V-P 曲線．
斜線の部分が仕事になる．

■準静断熱膨張における仕事

こんどは，準静断熱膨張での，気体がする仕事を計算する．断熱過程であるから，熱の出入りはない．体積 V_1，温度 T_1 の理想気体の体積が，準静断熱的に V_2 に増えたとする．このとき，この気体がする仕事を2通りの方法で計算してみよう．

［解法1］ 熱の出入りはないのだから，気体の内部エネルギーの変化分が気体がした仕事である．内部エネルギーを知るには温度さえわかればよい．体積が V_2 のときの温度を T_2 とすれば，前節(4)も使って

仕事 = 内部エネルギーの変化

$$= \alpha k N(T_1 - T_2)$$
$$= \alpha k N T_1 \left\{ 1 - \left(\frac{V_1}{V_2}\right)^{\gamma-1} \right\} \tag{3}$$

▶ $TV^{\gamma-1} = $ 一定
つまり
$T_1 V_1^{\gamma-1} = T_2 V_2^{\gamma-1}$

［解法2］ (1)を使って，仕事を直接計算してみよう．準静断熱過程では(2.1.2)が成り立つから

$$仕事 = \int_{V_1}^{V_2} AV^{-\gamma} dV = \frac{A}{1-\gamma}(V_2^{1-\gamma} - V_1^{1-\gamma}) \tag{4}$$

となる．比例係数 A は，$V = V_1$ のときの状態方程式より

$$P = AV_1^{-\gamma} = \frac{kNT_1}{V_1} \Rightarrow A = kNT_1 V_1^{\gamma-1}$$

と決まり，これを(4)に代入すれば(3)と同じ結果となる．

注意 等温過程と断熱過程の仕事を比較してみよう．体積対圧力の図を描くと図2のようになる．断熱過程のほうが，熱の供給を受けないので圧力が早く減少する．それが，V-P 曲線の傾きの違いとして現われる．したがって，同じ体積，同じ圧力から出発したときの仕事量は，断熱過程のほうが小さい．

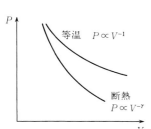

図2 等温過程($P \propto V^{-1}$)と断熱過程($P \propto V^{-\gamma}$)

▶ $\gamma = \frac{5}{3}$（単原子）
$\gamma \simeq \frac{7}{5}$（2原子）
$\gamma \simeq \frac{4}{3}$（3原子以上）
すべて1より大きい．

■ 自由断熱膨張

自由断熱膨張では，外部との仕事のやりとりも熱の出入りもない（$\Delta U = 0$）．しかし内部で何が起こっているのかを考察することはできる．

話を簡単にするために，体積の変化は微小だとし，ΔV と表わそう．すると

$$\Delta U = \Delta' Q - P \Delta V = 0 \tag{5}$$

である．まず $P \Delta V$ の項は，気体が膨張したときの仕事である．しかし外部には仕事をしていないのだから，このエネルギーの受け取り手は自分自身でなければならない．この仕事は，気体の突然の膨張により，容器内の気体がかくはんされたことに対応している．

(5)の $\Delta' Q$ の項は熱だが，容器の壁を通しての熱の出入りはない．しかし熱には，気体のかくはんによる効果もあるということを1.5節で説明した．つまり(5)は，まず突然の膨張により気体がかくはんされ，そのエネルギーが次第に気体分子1つ1つに分散（拡散）し，気体の内部エネルギーとなるという収支勘定を表現する式となる．

かくはんされてから，そのエネルギーが完全に拡散されるまでの間は，粒子1つ1つは平均的な振舞いをしていないので，今まで述べてきた関係式は使えない．つまり(5)は，かくはんされる以前の状態と，拡散してしばらくたった後の状態の比較を表わす関係式とみなされる．このような以前と以後の状態を**平衡状態**と呼び，その中間の過渡期を**非平衡状態**と呼ぶ．

2.3 熱機関

> **ぽいんと**
>
> 気体に熱を与えて膨張させ仕事をさせれば，そのエネルギーを動力源として，ものを動かしたり発電させたりすることができる．しかし，このことを動力機関として利用するには，この気体を冷やし，もとの状態に戻してから再び熱を与えるという操作を繰り返さなければならない．このように工夫されている装置を**熱機関**と呼ぶ．ここではカルノーサイクルという，等温過程と断熱過程を組み合わせた気体による熱機関を説明する．
>
> キーワード：熱機関，カルノーサイクル，カルノーサイクルの効率，冷却機関

■熱機関の仕組み

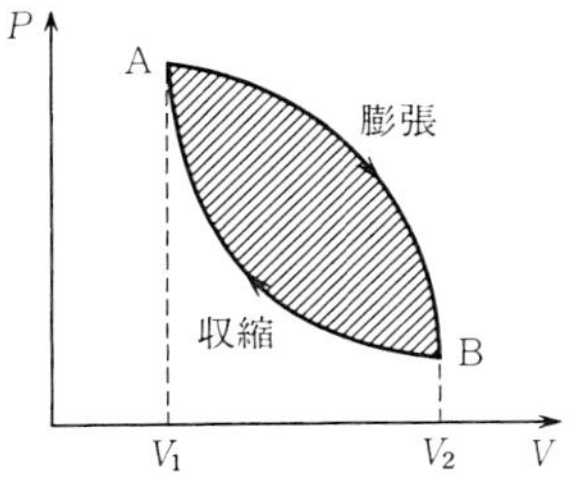

前節でも示したように，気体の圧力と体積の関係を図示すると，仕事の大きさを直観的に見ることができる．つまり前節の図1で斜線の部分が仕事を表わしている．V_1 から V_2 へ膨張したときは，気体が外部にした仕事，V_2 から V_1 へ収縮したときは，気体が外部からされた仕事である．

その図で，A から B までを行ったり来たりさせたのでは，仕事の収支はゼロだから，熱機関として役に立っていない．しかし，もし左の図1のように，膨張するときの経路が収縮するときの経路より上にあったら，外部にする仕事のほうが大きいので，動力源として役に立つ．これを実現したのがカルノーサイクルである．前節で示した，等温過程と断熱過程での V-P 曲線の傾きの違いをうまく利用したものである．

図1 膨張曲線の面積と収縮曲線の面積のずれ（斜線部分）の部分が外部にする仕事

■カルノーサイクル

▶ Carnot (1796-1832)，フランスの物理学者．

気体は，4つの過程を通ってもとの状態に戻るとする．すべて準静的な過程なので，以下では準静という言葉は省略する．

第1段階（等温膨張） 気体を温度 T の高温熱源に接触させ，その温度に保ったまま体積 V_1 から V_2 に膨張させる．（熱源は気体に比べて非常に大きいので，接触中に熱源の温度は変化しないとする．）

第2段階（断熱膨張） 気体を熱源から離し，そのまま体積 V_3 まで膨張させる．温度は T から T' に低下する．

第3段階（等温収縮） 気体を温度 T' の低温熱源と接触させ，その温度に保ったまま体積 V_3 から V_4 まで収縮させる．

第4段階（断熱収縮） 気体を熱源から離し，そのまま体積 V_1 まで収縮させ，もとの状態に戻る．

この過程を図示したのが図2である．これを**カルノーサイクル**という．

第2段階と第4段階は断熱過程なので，(2.1.4)が成り立っていなければならず

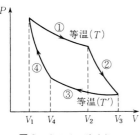

図2 カルノーサイクル
① 等温膨張
② 断熱膨張
③ 等温収縮
④ 断熱収縮

$$T' = T(V_2/V_3)^{\gamma-1} = T(V_1/V_4)^{\gamma-1} \Rightarrow V_1 V_3 = V_2 V_4 \quad (1)$$

という関係が求まる．

■カルノーサイクルの効率

▶ Q や W に付けた添字は，何段階目かを示す．添字のない量は，全段階の和である．

高温熱源から吸収した熱に対する仕事の比($\Delta'W/\Delta'Q_1$)を，この**熱機関の効率**という．消費したエネルギーの何割を外部への仕事に転換しているかという割合である．前節で求めた式を使って，カルノーサイクルの効率を計算してみよう．まず第1段階と第3段階は等温過程であるから，気体のエネルギーは不変である．したがって熱の移動と仕事は等しく，(2.2.2)より

▶ $V_3/V_4 = V_2/V_1$

$$\Delta'Q_1 = \Delta'W_1 = kTN\log(V_2/V_1)$$
$$\Delta'Q_3 = \Delta'W_3 = kT'N\log(V_3/V_4) = kT'N\log(V_2/V_1) \quad (2)$$

である．次に第2，第4段階は断熱過程であるから，(2.2.3)より

$$\Delta'W_2 - \Delta'W_4 = \alpha kN(T-T') + \alpha kN(T'-T) = 0$$

である．結局，仕事の和(全仕事量)は

$$\Delta'W = \Delta'W_1 - \Delta'W_3 = \Delta'Q_1 - \Delta'Q_3$$

であり，効率を η とすれば

$$\eta \equiv \frac{\Delta'W}{\Delta'Q_1} = \frac{T-T'}{T} = 1 - \frac{T'}{T}$$

となる．これを**カルノーサイクルの効率**と呼ぶ．

低温熱源の温度 T' が絶対零度($T'=0$)でない限り，効率は1にならないことに注意しよう．つまり吸収した熱をすべて仕事に転換することはできないのである．これは自然界の重要な法則であり，2.7節で再び議論する．

▶熱力学第2法則

■冷却機関

カルノーサイクルではすべての過程が準静的過程なので可逆である．つまりこのサイクルは，逆向きに動かすことができる．そのときは，すべてのエネルギーの出入りが逆になり，低温熱源から熱を吸収し，高温熱源に熱を放出することになる．また仕事は外部にするのではなく外部からされることになる．これはまさに，動力源を使って物を冷やすという，冷却機関に他ならない．

低温熱源から吸収された熱と，この機関に与えた仕事全体の比を冷却効率と呼ぶ．それを η' とすれば

▶ T' が下がるほど，つまり物体が冷えるほど効率は悪くなる．

$$\eta' \equiv \left|\frac{\Delta'Q_3}{\Delta'W}\right| = \left|\frac{\Delta'Q_3}{\Delta'Q_1 - \Delta'Q_3}\right| = \frac{T'}{T-T'}$$

2.4 熱の計算（エントロピー）

ぽいんと

気体がした仕事は，$\mathit{\Delta}'W = -P\mathit{\Delta}V$ という公式で計算できる．では，熱の出入り $\mathit{\Delta}'Q$ はどうしたら直接計算できるだろうか．そのために，物質の状態を表わす新しい量「エントロピー」というものを導入する．そしてエントロピーを S とすると，$\mathit{\Delta}'Q = T\mathit{\Delta}S$ と表わされることを示す．

キーワード：マクスウェルの関係式，エントロピー

■ 2変数関数の変化量

熱とはエネルギーの移動の一形態であって，物質固有の量ではないということは，1.4節でも強調した．気体の内部エネルギーは，それが熱により与えられたものであっても，あるいは仕事により与えられたものであっても，結果的には変わりはない．

物質固有の量として熱というものが定義できないということを，数学的に証明しておこう．まず，

$$z = z(x, y)$$

という，一般的な2変数関数 z を考える．そして x と y が微小に変化したときの z の変化量を

$$\mathit{\Delta}z = A\mathit{\Delta}x + B\mathit{\Delta}y \tag{1}$$

と表わすと，右辺の係数は

$$A = \left.\frac{\partial z}{\partial x}\right)_y, \quad B = \left.\frac{\partial z}{\partial y}\right)_x \tag{2}$$

である（1.5節参照）．ところで偏微分を2回するとき，その結果は x で先に微分するか，y で先に微分するかという順番には依らない．つまり

$$\frac{\partial}{\partial y}\left(\frac{\partial z}{\partial x}\right) = \frac{\partial}{\partial x}\left(\frac{\partial z}{\partial y}\right)$$

である．これを(2)と比較すれば次の関係が求まる．

$$\left.\frac{\partial A}{\partial y}\right)_x = \left.\frac{\partial B}{\partial x}\right)_y \tag{3}$$

▶統計力学では，(3)のタイプの関係式を**マクスウェルの関係式**と呼んでいる．

▶これは電磁気学で学ぶストークスの定理というものから証明できる．ベクトル解析の言葉を使えば，(3)はベクトル (A, B) が渦なしという条件である．

注意 これは(1)が成り立つための必要条件であるが，同時に，(1)という関係が成り立つ z という関数が存在するための，十分条件でもある（証明は省略する）．

(3)を使うと，$Q(U, V)$ という量が定義できないことがわかる．まず(1)を，熱の移動の式

$$\mathit{\Delta}'Q = \mathit{\Delta}U + P\mathit{\Delta}V \tag{4}$$

と比較してみよう．もし物質固有の量として Q という量が定義できるとしたら，(1)との対応は，

$$z \to Q, \quad A \to 1, \quad B \to P$$

となる．しかし，これでは

$$\left.\frac{\partial A}{\partial V}\right)_U = 0, \quad \left.\frac{\partial B}{\partial U}\right)_V = \frac{1}{(3/2)kN}\left.\frac{\partial P}{\partial T}\right)_V \neq 0$$

だから，(3)は成り立たない．つまり Q という量は存在しないのである．

■エントロピー

以上の議論は，Q という量が定義できないことを示しているが，どんな量が定義できるかというヒントも与えている．それにはまず(4)に，何らかの関数 C を掛け

$$C\varDelta'Q = C\varDelta U + CP\varDelta V$$

とする．そして

$$\varDelta z \to C\varDelta'Q, \quad A \to C, \quad B \to P\cdot C$$

と対応づける．この対応が成り立つ条件は(3)，つまり

$$\left.\frac{\partial C}{\partial V}\right)_U = \left.\frac{\partial(P\cdot C)}{\partial U}\right)_V$$

である．すなわち，この関係を満たす関数 C が見つかれば，z という量が定義できて，熱の移動を

$$\varDelta z = C\varDelta'Q \tag{5}$$

と表わせるのである．

理想気体の場合は，今までの知識から C を決めることができる．実際，

$$C = 1/T$$

とすると

$$\left.\frac{\partial(1/T)}{\partial V}\right)_U = 0, \quad \left.\frac{\partial(P/T)}{\partial U}\right)_V = \frac{\partial}{\partial U}\left(\frac{kN}{V}\right)\bigg)_V = 0$$

▶ U が一定ということは，理想気体の場合，T が一定ということである．

であるから，(3)が成り立つ．そして，このときの z を通常 S と表わし，**エントロピー**と呼ぶ(その具体的な形は次節参照)．S を使うと，今までの熱力学の基本関係式は(5)より

$$\varDelta'Q = T\varDelta S \tag{6}$$

あるいは

$$\varDelta U = T\varDelta S - P\varDelta V \tag{7}$$

▶微少量 $\varDelta'Q$ を加え合わせても(積分しても) Q という量は定義できないが，C を掛けることにより，S という定義できる量が求まる．このような C を，**積分因子**と呼ぶ．

となる．これより

$$\left.\frac{\partial U}{\partial S}\right)_V = T, \quad \left.\frac{\partial U}{\partial V}\right)_S = -P \tag{8}$$

などの関係も求まる．理想気体に限らない一般の物質に対しても，この関係が成り立つことは，第4章で示す．そこではまずエントロピーという量が先に定義され，そして(6)という関係から温度 T が定義される．

2.5 単原子分子の理想気体のエントロピー

ぽいんと

一般の物質に対するエントロピーの定義とその計算法は，第4章で説明する．しかし単原子分子の理想気体に対しては，今までの知識から，その形を定数を除いて求めることができる．これを使って，熱の移動を直接計算してみよう．

キーワード：単原子分子の理想気体のエントロピー，示量変数，示強（示性）変数

■単原子分子の理想気体のエントロピー

まず，前節の(7)から得られる

$$\Delta S = \frac{1}{T}\Delta U + \frac{P}{T}\Delta V \tag{1}$$

という関係から出発する．これよりすぐに

$$\left.\frac{\partial S}{\partial U}\right)_V = \frac{1}{T}, \quad \left.\frac{\partial S}{\partial V}\right)_U = \frac{P}{T} \tag{2}$$

▶(1.5.2)で
 $z \to S$
 $x \to U$
 $y \to V$
とする．

であることがわかる．ここで(1.3.4)の関係を使って，独立変数を T と V に統一する．すると(2)はそれぞれ

$$\left.\frac{\partial S}{\partial T}\right)_V = \frac{3}{2}\frac{kN}{T}, \quad \left.\frac{\partial S}{\partial V}\right)_T = \frac{kN}{V} \tag{3}$$

▶$U = \frac{3}{2}kNT$
 $P = kNT/V$
より，たとえば
$\left.\frac{\partial S}{\partial U}\right)_V = \left.\frac{\partial S}{\partial T}\right)_V \left.\frac{\partial T}{\partial U}\right)_V$
$= \left.\frac{\partial S}{\partial T}\right)_V \frac{2}{3kN}$
$\therefore \left.\frac{\partial S}{\partial T}\right. = \frac{3}{2}\frac{kN}{T}$

となる．まず，第1の式より

$$S = \frac{3}{2}kN \log T + S_1(V)$$

であることがわかる．S_1 は「積分定数」であるが，(T についての微分を積分したのだから）T には依存しない数という意味であり，V には依存する．これを(3)の第2の式に代入すると

$$\frac{dS_1}{dV} = \frac{kN}{V}$$

つまり

$$S_1 = kN \log V + S_2$$

となる．S_2 は，T にも V にも依らない定数である．N には依存する．以上をまとめると，

$$S = kN \log(VT^{3/2}) + S_2 \tag{4}$$

となる．

■示量変数

ここでエントロピーという量に対し，「示量変数」という条件をつける．

今まで出てきた気体を表わす量は，示量変数と示強変数に分類できる．

▶示強変数は**示性変数**ともいう．

示量変数とは，気体の体積 V や粒子数 N など，半分に分けるとその変数の値も半分になる量である．また温度 T や圧力 P は**示強変数**と呼ばれ，気体の体積や粒子数を半分にしても変わらない．示量変数と示強変数の積は示量変数であるから，(1)を考えると，エントロピーは示量変数であってほしい．

▶(1)をみると，第1項も第2項も示量変数と示強変数の積になっている．

(4)で表わされる S を示量変数にするには，不定性の残っていた定数 S_2 を

$$S_2 = -kN(\log N - c)$$

とし

$$S = kN\left\{\log\left(\frac{V}{N}T^{3/2}\right) + c\right\} \tag{5}$$

▶示量変数の比 V/N は示量変数であるから，(5)の $\{\cdots\}$ の中は示強変数となる．それに N を掛けた S は，当然，示量変数．(N/V という量は粒子密度に他ならない．)

とすればよい．ここで c は，以上の条件からは決まらない，N にも依らない定数である．状態方程式を使えば，この式は

$$S = kN\{\log(T^{5/2}/P) + c'\}$$
$$= kN\{\log(P^{3/2}V^{5/2}/N^{5/2}) + c''\} \tag{5'}$$

とも表わせる（c, c', c'' はそれぞれ異なる定数）．

[例] エントロピーによる熱の計算

例題1 体積 V_1，温度 T の単原子分子の理想気体が，体積 V_2 に等温膨張するときに吸収する熱を(5)から計算し，(2.2.2)で示した

$$\sum \varDelta'Q = \sum \varDelta'W = kNT\log(V_2/V_1)$$

に等しいことを確かめよ．

[解法] エントロピーが S_1 から S_2 になったとすれば，移動した熱の総量は

$$\sum \varDelta'Q = \sum T\varDelta S = \int_{S_1}^{S_2} T(S)dS$$

という式で計算できる．今の場合，温度が一定なのだから

$$\sum \varDelta'Q = T(S_2 - S_1) = kNT\log(V_2/V_1)$$

となり，(2.2.2)と一致する．

例題2 微小な自由断熱膨張に対して(2.2.5)で示した

$$\varDelta'Q = P\varDelta V$$

を確かめよ．

[解法] 温度は不変なのだから，その条件のもとでエントロピーの変化を計算すればよい．つまり(5)を使って

▶$\dfrac{d}{dx}\log f(x) = \dfrac{1}{f}\dfrac{df}{dx}$
より
$\varDelta(\log f) = \dfrac{1}{f}\varDelta f$

$$\varDelta'Q = T\varDelta S = kNT\varDelta(\log V) = kNT\frac{\varDelta V}{V} = P\varDelta V$$

となる．

2.6 不可逆性とエントロピーの変化

> **ぽいんと**
>
> 熱は温度の高いほうから低いほうへ流れるが,その逆は起こらない.このように,自然界には不可逆の過程がたくさんある.そしてそれらに共通するのは,エントロピーの増加という性質である.自然界に起こる過程にはエントロピーが減少するものはないという経験則を,熱力学第2法則と呼ぶ.
>
> キーワード:熱力学第2法則(エントロピー非減少の法則),クラウジウスの原理,トムソンの原理

■熱の流れとエントロピーの増減

温度が異なるものが接触しているとき,熱は,温度の高いほうから低いほうへ流れる.エネルギー保存則のことだけを考えれば,熱はどちらに移動してもかまわないが,実際には移動方向は決まっている.つまり自然界でのエネルギーの流れに関して,エネルギー保存則だけからは決まらない何らかの法則が存在することになる.

別の例として,プロペラで容器の中をかくはんし,中の気体の温度を上げるという過程を考えてみよう(1.4節図2).プロペラがした仕事を,気体は熱として受け取るという現象である.しかし,容器の中に入れておいたプロペラが,中の気体の熱を吸収して自然に動きだすという現象は決して起こらない.これもエネルギー保存則だけからは説明できない事実である.

この2つの現象に共通しているのは,どちらもエントロピーが増大する方向にプロセスが進行しているということである.このことを証明しておこう.

まず,温度が T_1 と T_2 の,2つの物体(1,2とする)が接触しており,無限小の熱が移動したとする.そのときのエントロピーの変化を,それぞれ $\Delta S_1, \Delta S_2$ とすると,エネルギー保存則より

$$T_1 \Delta S_1 + T_2 \Delta S_2 = 0 \tag{1}$$

▶ 1から2へ,無限小の熱 $\Delta'Q_1$ が放出され,2は1より,熱 $\Delta'Q_2$ を吸収したとすれば,保存則より $\Delta'Q_2 = \Delta'Q_1$,つまり,
$$T_1 \Delta S_1 + T_2 \Delta S_2 = 0$$

である.この式で $T_1 > T_2$ とすると,

$$|\Delta S_1| < |\Delta S_2|$$

であり,しかも熱は1から2に移動したのだから

$$\Delta S_1 < 0, \quad \Delta S_2 > 0$$

でなければならない.結局

$$\Delta S_1 + \Delta S_2 > 0$$

▶ 物体1の S は減少している.重要なのは,系全体のエントロピーが減少しないということである.

ということになる.つまりこの熱の移動により,全体のエントロピーは増加したことになる.

次に,気体がかくはんされる例として,まず自由断熱膨張を考えてみよう.この場合(2.2.5)より,

$$T \Delta S = P \Delta V > 0 \tag{2}$$

であるから，エントロピーが増加しているのは明らかである．すなわち，エントロピーが増加する方向にプロセスが進行している．

一般に仕事をされ，それを熱として受け取れば，不等式(2)より，エントロピーは明らかに増大する．プロペラによるかくはんの場合も，プロペラは断熱的で気体との熱の出入りがないとすれば，プロペラのエントロピーは変わらないので系全体のエントロピーは増加する．

▶ 可逆過程の場合は，かくはんはなく，また熱を交換するとしても物体の温度が等しい（つまり(1)で $T_1 = T_2$）ので，エントロピーは不変である．

■熱力学第2法則

このように自然界には，エントロピーは一定（可逆過程）あるいは増加（不可逆過程）する過程はあるが，減少する過程はないという法則が成り立っているように見える．その理由は第4章で学ぶが，ここではとにかくこの法則を経験則として認め，**熱力学第2法則**と呼ぶことにする．**エントロピー非減少の法則**と呼ぶこともある．

▶ 熱力学第1法則とは，エネルギー保存則(1.4.3)のことである．

熱は，温度の高いほうから低いほうへと移動するといったが，これは2つの物体が直接に接触している場合である．冷却機（たとえば冷蔵庫）では，温度の低いほうからさらにエネルギーが奪われ，それが温度の高いほうへと吐き出される．しかしこれには，2つの物体を仲介するものが必要であり，冷却の過程で仕事を消費しなければならない．たとえば冷蔵庫なら，電力が必要である．つまり熱の移動に伴い，外部は必ず影響を受ける．

熱を受け取りそれを仕事に転換する場合でも，同じことがいえる．気体の中のプロペラが自然に回りだすことはないが，気体を暖めて膨張させれば，それを動力としてプロペラを回すことはできる．つまり，熱を仕事に転換したときは，必ず体積などの変化が起きる．以上のことをまとめると，次のようにいうことができる．

▶ Clausius(1822-1888)，ドイツの理論物理学者．

[1] **クラウジウスの原理** 熱が低温の物体から高温の物体へ，それ以外に何の変化も残さずに移ることはない．（「変化を残さない」というのは，周囲のものも含めて，物体が最初の状態に戻るという意味である．)

▶ Thomson(1824-1907)，別名 Kelvin．イギリスの物理学者．絶対温度を導入した人物でもある．

[2] **トムソンの原理** 熱を受け，それを仕事に転換し，しかもそれ以外に何の変化も残さないことは不可能である．

▶ これらの原理は，熱力学第2法則をエントロピーという言葉を使わずに表現したものと考えられる．

この2つの原理は同等である．仮に，低温の物体から高温の物体へ熱が移り，それ以外には何も変化が残らなかったとしよう（[1]の否定）．その熱をカルノーサイクルの気体に吸収させ，そのエネルギーの一部を低温の物体に戻し残りを仕事に回すと，全体としては低温の物体から熱を奪い，他の物体に変化を残さずにそれを仕事に転換したことになる．つまり[2]を否定するプロセスが起きたことになる．同様に[2]を否定すると[1]を否定するプロセスが起きることが示せる（章末問題2.8参照）．これは，[1]と[2]が同等であるということに他ならない．

2.7 熱機関の最大効率

> **ぽいんと**
>
> 熱を吸収して外部に仕事をし続けることができれば，きわめて有益な動力源となる．しかし前節の熱力学第2法則，あるいはトムソンの原理を考えると，熱を自由に仕事に転換することはできない．
>
> 実際，2.3節で説明したカルノーサイクルでは高温熱源と低温熱源の2つが必要で，高温熱源から吸収した熱の一部のみが仕事に転換された．熱力学第2法則を用いると，これはカルノーサイクルに限らない一般的な性質であることがわかる．そしてカルノーサイクル以上に効率のよい熱機関は作れないことも示せる．
>
> キーワード：永久機関(第一種，第二種)，クラウジウスの不等式

■高温熱源と低温熱源

気体の等温膨張では，気体は熱浴(熱源)から熱を吸収し，そのエネルギーを仕事として外部に放出していた．この過程では熱を放出する熱源のエントロピーは減少し，熱を吸収する気体のエントロピーは増加する．

この過程を熱機関として使うには，気体を再び圧縮してもとの状態に戻さなければならない．しかしもとの状態に戻れば気体のエントロピーももとの値に戻る．系全体のエントロピーが減少しないためには，系のどこかで熱源が最初に失った量以上のエントロピーが増加していなければならない．

しかしそれは，最初に熱を放出した熱源であってはならない．なぜなら

$$\varDelta S = \varDelta' Q / T \tag{1}$$

であるから，最初に失ったのと同量のエントロピー $\varDelta S$ を回復するには，温度 T が変わらないとすれば，最初放出したのと同じ熱 $\varDelta' Q$ を再び吸収しなければならないことになる．だとすればエネルギー保存則より，外部にする仕事は差し引きゼロになってしまう．

プラスの仕事をしながらエントロピーが減少しないようにするには，温度の異なる系をもう1つ用意すればよい．その温度が最初の熱源の温度より低ければ，最初の熱源が放出した熱より少ない熱を吸収させただけで，最初の熱源のエントロピー減少を補うだけのエントロピー増加を実現できる((1)参照)．この放出と吸収の熱の差が，外部にする仕事になる．

このように考えると，熱機関を作るには3つの系が必要なことがわかる．(熱を放出する)高温熱源と(熱を吸収する)低温熱源，それにそれらと熱のやりとりをしながら外部に仕事をする作業物質(カルノーサイクルでは，膨張と圧縮を繰り返す気体)である．図式的に表わすと図1のようになる．

■カルノーサイクルの効率

このような機構により，どれだけの仕事を取り出せるかを考えてみよう．

▶ $T_1 > T_2$ ならば

$$\frac{\varDelta' Q}{T_1} < \frac{\varDelta' Q}{T_2}$$

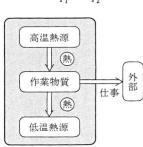

図1　熱機関の原理

高温熱源と低温熱源の温度をそれぞれ T_1, T_2 とする．また，作業物質が高温熱源から吸収する熱を $\mathit{\Delta}'Q_1$，低温熱源に放出する熱を $\mathit{\Delta}'Q_2$，外部にする仕事を $\mathit{\Delta}'W$ とする．これらに関する制限は，エネルギー保存則と熱力学第2法則である．まずエネルギー保存則は

$$\mathit{\Delta}'Q_1 = \mathit{\Delta}'Q_2 + \mathit{\Delta}'W$$

であり，第2法則は，高温熱源のエントロピー減少量は低温熱源のエントロピー増加量より大きくないということだから

$$\frac{\mathit{\Delta}'Q_1}{T_1} \leq \frac{\mathit{\Delta}'Q_2}{T_2} \Rightarrow \frac{T_2}{T_1} \leq \frac{\mathit{\Delta}'Q_2}{\mathit{\Delta}'Q_1} \tag{2}$$

▶カルノーサイクルで等号が成り立っているのは，(2.3.2) より明らか．

である．等号はエントロピーが不変，つまり可逆過程の場合である．熱機関の効率 η が，作業物質が吸収した熱の何割が仕事になったかということで示されるので，以上の条件より

$$\eta \equiv \frac{\mathit{\Delta}'W}{\mathit{\Delta}'Q_1} = \frac{\mathit{\Delta}'Q_1 - \mathit{\Delta}'Q_2}{\mathit{\Delta}'Q_1} \leq 1 - \frac{T_2}{T_1} \ (\equiv \eta_\mathrm{C}) \tag{3}$$

となる．これを**カルノーの不等式**と呼ぶ．右辺で示される効率の最大値 η_C が，まさに2.3節のカルノーサイクルの効率に他ならない．

　何もエネルギーを使わずに仕事を外部にし続けるものを，（仮にそのようなものがあるとすれば）**第一種永久機関**と呼ぶが，エネルギー保存則のためにそれは不可能である．また，熱源から熱を吸収し続け，そのエネルギーで外部に仕事をし続けるものを**第二種永久機関**と呼ぶ．世の中のあらゆるものが熱源だから，このようなものが可能ならばエネルギー問題は決して起こらないだろう．しかしこれも，上記の議論より（あるいは前節のトムソンの原理より）不可能なことは明らかである．

　実際，熱機関を作るには温度差のある熱源が2つ必要である．そして高温側から熱を吸収し，低温側にその一部を放出するので，これを繰り返せば結局温度差が無くなってしまう．そして熱機関は働かなくなる．

■クラウジウスの不等式

▶第4章で述べるエントロピーの本質がわかっていない時代には，クラウジウスの不等式がエントロピーの定義に使われた．可逆過程だけで状態を変化させたときのエントロピーの変化を $\mathit{\Delta}'Q/T$ の和で定義する．(4)の等号により，もとの状態に戻ったときにはエントロピーももとに戻るということが，保証される．

熱の出入りを常に作業物質に入っていく方向をプラスとし，出ていく場合はマイナスだと考えれば，(2)は

$$\frac{\mathit{\Delta}'Q_1}{T_1} + \frac{\mathit{\Delta}'Q_2}{T_2} \leq 0$$

となる．これは一般化でき，ある作業物質がさまざまな熱源（温度を T_i とする）と熱の交換を繰り返したのち，もとの状態に戻ったときに，

$$\sum_i \frac{\mathit{\Delta}'Q_i}{T_i} \leq 0 \tag{4}$$

が成り立つ．これは**クラウジウスの不等式**と呼ばれる．等号は，すべての過程が可逆であるときにのみ成り立つ．

章末問題

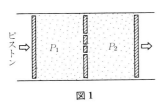

図 1

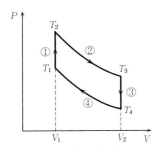

図 2　オットーサイクル

[2.1節]

2.1（ジュール・トムソンの実験）　管の中に小さな穴のたくさん開いた板を入れ（図 1 参照），圧力 P_1 に保たれている左側から，圧力 P_2 に保たれている右側に徐々に気体を押し出す．気体が理想気体ならば，温度が変わらないことを示せ（エネルギー保存則と章末問題 1.6 の式を使う）．

[2.2節]

2.2　(1)　体積を V に保ったまま冷やし，圧力を P_1 から P_2 まで下げた（定積過程）．放出した熱を求めよ．ただし (2.1.1) が成り立つ理想気体として計算せよ．

(2)　圧力を P に保ったまま熱し，体積を V_1 から V_2 まで増した（定圧過程）．このときの，吸収した熱と外部にした仕事を求めよ．

[2.3節]

2.3（オットーサイクル）　準静断熱過程と定積過程を組み合わせたサイクル（図 2 参照）の効率を，V_1 と V_2 で表わせ（計算は温度でしたほうが容易である）．

[2.4節]

2.4　$z = x^2 + y^2 + x^2 e^y$ としたとき，(2.4.1) の A と B を求め，(2.4.3) を確かめよ．

2.5　(2.4.7) という形の式が，理想気体でなくても一般に成り立つとすると，熱力学における諸量の間にさまざまな関係が成り立たなければならないことになる．たとえば

$$\left.\frac{\partial U}{\partial V}\right)_T = T\left.\frac{\partial P}{\partial T}\right)_V - P$$

という式（**エネルギー方程式**と呼ばれる）が成り立つが，これを次の手順で示せ（別証は章末問題 5.9）．

(1)　$\Delta S = A\Delta T + B\Delta V$ の A と B を，T，P，そして U の微分で表わせ．

(2)　この A と B に対して (2.4.3) の形の式を考えて，上式を導く．

2.6　上の式は，状態方程式と U との関連性を示す式である．たとえば

(1)　状態方程式が $P = f(V)T$（f は任意の関数）という形をしているときに，U は温度のみの関数となることを示せ．

(2)　エネルギー密度 $u (\equiv U/V)$ が T の関数で，$P = cu$（ただし c は定数）という形をしているときに，$u \propto T^{\frac{1+c}{c}}$ であることを示せ．

[2.5節]

2.7　問題 2.1 のジュール・トムソンの実験は，不可逆過程であることを示せ．

[2.6節]

2.8　トムソンの原理を否定すると，クラウジウスの原理を否定できることを示せ．

II 統計力学の原理

3

確率論入門

ききどころ

　膨大な数の粒子の集団を調べるのが熱・統計力学であるが，そのようなことを可能にするのが確率論的な考え方である．たとえばコインを投げたとき，表がでるか裏がでるかという問題を考えてみよう．コインが1枚だったら確率は2分の1ずつだから，結果を断定することはできない．2枚でも3枚でも同様である．しかしもしコインが無数だったら，確率計算により，コインの表がでる割合は50%であると，ほとんど確実に断言できる．同様に，1つ1つの粒子については何もいえなくても，その集団全体の性質は決まってしまうことがある．なぜそうなるのか，確率計算の入門もかねて説明してみよう．

3.1 粒子分布と確率

> **ぽいんと**
> 気体の中で各粒子が，お互いに独立に動き回っているとしよう（理想気体）．容器を左右に2等分したとき，各粒子がそのどちらにあるかは五分五分である．では，左右それぞれに含まれる粒子数の確率分布はどうなるだろうか．この，確率計算における最も基本的な問題を考えよう．
>
> キーワード：等確率の現象

■可能性の数と確率

確率計算の出発点は，現象の可能性すべてを，確率が等しいもの（**等確率**）に分類することである．ごく単純な例から説明してみよう．

[1] **粒子が1つしかない場合**

粒子が1つしかなければ，それが左側にあるか，右側にあるか，可能性は2つしかない．左右の体積が等しいのならば，この2つの可能性は「等確率」である．したがって

　　① 粒子が左にある確率　　1/2
　　② 粒子が右にある確率　　1/2

となる．

[2] **粒子が2つある場合**（図1）

等確率の現象は，次のように分類される．

　（a）2つとも左側
　（b）1つ目の粒子が右側，2つ目の粒子が左側
　（c）1つ目の粒子が左側，2つ目の粒子が右側
　（d）2つとも右側

等確率の現象が4つあるから，各現象が現われる確率は1/4である．しかし(b)と(c)は，粒子の個数分布としては同じである．したがって，

　　① 2つとも左にある確率　　　　　　1/4
　　② 1つが右，1つが左にある確率　　1/4＋1/4＝1/2
　　③ 2つとも右にある確率　　　　　　1/4

となる．

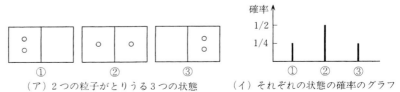

（ア）2つの粒子がとりうる3つの状態　　（イ）それぞれの状態の確率のグラフ

図1　2つの粒子の左右への分配方法

[3] 粒子が N 個ある場合

粒子が N 個ある，一般的な場合を考えよう．1つ目の粒子の位置は左右2通り，2つ目の粒子の位置も左右2通りで，そこまででは合計，$2 \times 2 = 4$ 通りである．したがって N 個あるときは

$$\underbrace{2 \times 2 \times 2 \times \cdots \times 2}_{N \text{個}} = 2^N \tag{1}$$

の可能性がある．そしてそれらはすべて等確率だから，各現象が起きる確率は $1/2^N$ である．

しかし，粒子数が2個の場合にもそうだったように，個数分布としては同じものを別のものとして勘定している．たとえば左側に n 個 ($n \leq N$) の粒子がある場合を考えてみよう．その n 個は，最初の n 個でも最後の n 個でもよく，とにかく全体からちょうど n 個だけ取り出せばよい．その取り出し方の数は次のように計算できる．まず1個目は，N 個のうちのどれでもよいから，その取り出し方は N 通りある．2個目を取り出すときは，すでに全体から1個減ってしまっているから，取り出し方は $N-1$ 通りである．それを n 回繰り返せば，

$$\underbrace{N \cdot (N-1) \cdot (N-2) \cdot \cdots \cdot (N-n+1)}_{n \text{個掛ける}} \text{通り} \tag{2}$$

となる．しかし実はこれでは数えすぎである．同じ n 個を，違った順番で取り出したものを別々に勘定しているが，結果が同じならば，(1)の分類では区別していない．そこで数え過ぎた回数で割っておく．n 個の粒子の並べ方の数は

$$n \cdot (n-1) \cdot (n-2) \cdot \cdots \cdot 1 \tag{3}$$

であるから，(2)を(3)で割れば，N 個から n 個とる取り出し方は

$$\frac{N \cdot (N-1) \cdot (N-2) \cdot \cdots \cdot (N-n+1)}{n \cdot (n-1) \cdot \cdots \cdot 1} \tag{4}$$

と求まる．そしてこれを，すべての可能性の数 2^N で割れば，n 個が左側にある確率が求まる．それを $P(N, n)$ と書けば

n 個の粒子が左側にある確率：

$$P(N, n) = \frac{1}{2^N} \frac{N(N-1) \cdots (N-n+1)}{n(n-1) \cdots 1} \tag{5}$$

となる．

(5)で，$N = 2$ として，前ページの結果を確認してみよう．

$$P(2, 1) = \frac{1}{2}, \quad P(2, 2) = \frac{1}{4}$$

となって，[2]の結果と一致する．

▶ $n = 0$ のときは(5)はそのままでは使えず，

$$P(N, 0) = \frac{1}{2^N}$$

である．しかし(5)の形と関連はある．次節の(1)参照．

3.2 確率の分布

> **ぽいんと**
>
> 前節で計算した粒子の配分の確率が，全体としてどのように分布しているかを調べる．特に，全粒子数 N が増したときの確率分布の変化に注意する．また，階乗および2項係数という量を定義して，前節の式を簡単な形で表現する．
>
> キーワード：階乗，2項係数

■階乗・2項係数

まず，確率の議論をするときによく使う記号を説明しておこう．前節(3)のように，自然数 n から1までを掛け合わせた数を「n の**階乗**」と呼び，$n!$ と書く．

▶ $n=0$ のときの階乗は
$$0! = 1$$
と定義することになっている．

$$n! = n \cdot (n-1) \cdot \cdots \cdot 2 \cdot 1$$

前節(2)は，N から始まり $N-n+1$ でとぎれている．しかし，さらに $N-n$ から1まで掛け，その分を後で割っておけば同じことだから

$$(3.1.2) = \frac{N \cdot (N-1) \cdot \cdots \cdot (N-n+1) \cdot (N-n) \cdot \cdots \cdot 1}{(N-n) \cdot \cdots \cdot 1} = \frac{N!}{(N-n)!}$$

と表わせる．

また前節(4)は，N 個から n 個を取り出す方法の数を表わしている．これを記号で $_N\mathrm{C}_n$ と書き，**2項係数**と呼ぶ．階乗を使って表わせば

▶ $_N\mathrm{C}_n$ の C は combination (組合せ) の頭文字．

$$_N\mathrm{C}_n = \frac{N!}{(N-n)!\,n!}$$

である．したがって

▶ $n=0$ ならば
$$_N\mathrm{C}_0 = \frac{N!}{N!\,0!} = 1$$
なので，
$$P(N, 0) = \frac{1}{2^N}$$
となり，(1)は $n=0$ のときでも成り立つ．

$$P(N, n) = \frac{1}{2^N}\,_N\mathrm{C}_n \tag{1}$$

となる．

■確率の分布

粒子が，容器の左右にどう分布する確率が高いのかを見るために，(1)をグラフに表わしてみよう．特に，全粒子数 N が大きくなると，その分布の形がどのように変わっていくのかが重要である．

[1] $N=2$ の場合

結果はすでに計算した通りで，グラフに描けば前節図1(イ)のようになる．1個ずつに分かれる(②，つまり $n=1$ の場合)確率が最大であるが，他の可能性も無視できない．

[2] $N=8$ の場合

粒子数が8の場合を考える．たとえば右側に4個ある確率は

$$P(8,4) = \frac{1}{2^8} {}_8C_4 = \frac{1}{2^8} \frac{8\cdot 7\cdot 6\cdot 5}{4\cdot 3\cdot 2\cdot 1} = 0.273$$

というように計算できる．この計算を $n=0$ から 8 まで繰り返した結果が，下の表である．$N=2$ の場合と比較すると $N=2$ のときは 3 通りの可能性しかなかったが，$N=8$ では 9 通りの可能性があり，種類が 3 倍になっている．したがって，各 n での確率はそれだけ減っている．しかし可能性の数が 3 倍になったからといって，確率が $N=2$ の場合の 3 分の 1 に減っているわけではない．最高値は半分も減っていないのに対し，一番端の値（$n=0$ または N）は 60 分の 1 にも減っている．

n（右側の容器に入る数）	0	1	2	3	4	5	6	7	8
確　率	0.004	0.031	0.109	0.219	0.273	0.219	0.109	0.031	0.004
3つずつの和		0.144			0.711			0.144	

この事情をはっきり示すために，9つある可能性を3つにまとめ，それぞれの確率を合計する（表の3段目）．それをグラフに表わすと図1のようになる．

前節の図1と比較して，中央への集中度が増していることが，はっきりわかるだろう．

■中央への集中

以上の傾向は N が大きくなるとさらに顕著になる．厳密には次節で証明することとして，ここでは予想される性質をまとめておこう．

[1] N 個の粒子があったとき，左右に半数ずつ分かれる確率が最大である．しかし正確に $N/2$ 個ずつ分かれる確率は，N が増すとともに減少する．

[2] 正確に半数でなく，「約半数」ずつ左右に分かれるという確率を考えてみる．つまり，$n=0$ から $n=N$ までのうち，$N/2$ 付近の（上の $N=8$ の例では，$n=3,4,5$ のあたり）一定の割合の範囲に含まれる確率の合計を計算する．するとそれは，N が増すとともに増加する．つまり確率全体の分布を考えれば，中央への集中度は増している．つまり図2のような変化が予想される．

図2　N が大きくなったときの分布の変化
（棒グラフの頂上だけをつないだ図）

3.3 粒子数が無限の確率分布

> **ぽいんと**
> 粒子の総数 N が，10 の何十乗といった膨大な数になったときの確率 $P(N,n)$ の分布を考える．スターリングの公式という，階乗に対する近似式を用いるとガウス分布と呼ばれる形になることがわかる．
>
> キーワード：スターリングの公式，ガウス分布

■スターリングの公式

$_N C_n$ を使えば確率を表わすのは簡単になるが，単に書き直しただけでは計算の役には立たない．しかし N や n が大きい数の場合はスターリングの公式と呼ばれる近似式を使って，便利な表式を導くことができる．この公式によれば n の階乗は

$$\text{スターリングの公式} \quad n! \simeq \sqrt{2\pi n}\, n^n e^{-n}$$

というように近似できる．この式の誤差もわかっていて

$$(\text{上式の左辺})/(\text{上式の右辺}) = 1 + \frac{1}{12n} + \frac{1}{288n^2} + \cdots$$

である．n が大きいときに正しい公式であることがわかるだろう．

▶誤差は $1/n$ の級数として，より詳しい形が知られている．この誤差も含めて，スターリングの公式と呼ぶこともある．

たとえば $n = 10$ とすると

$$10! = 3.629 \times 10^6$$
$$\sqrt{2\pi \cdot 10}\, 10^{10} e^{-10} \simeq 3.599 \times 10^6$$

となり，誤差は 1% 程度である．以下の応用では，もっと膨大な数の場合にこの公式を使うので，精度ははるかによい．

実際には，この公式の対数を使うのが便利である．つまり

▶$O\left(\dfrac{1}{n}\right)$ はオーダー $1/n$ と読み，$1/n$ 程度，またはそれ以下の微少量の部分をまとめて表わす．

$$\log n! = n\log n - n + \frac{1}{2}\log(2\pi n) + O\left(\frac{1}{n}\right) \tag{1}$$

であり，特に n が大きいときは

▶n が大きいときは
$$n \gg \log n$$
であるから，$\log(2\pi n)$ の項を無視する．

$$\log n! \simeq n\log n - n \tag{2}$$

という近似式を使う．

■$_N C_n$ の近似式

上にあげた近似式を使って，$N, n, N-n$ がすべて大きいときの組合せの数 $_N C_n$ の近似式を求めてみよう．まず (2) より

$$\log N! \simeq N \log N - N$$
$$\log n! \simeq n \log n - n$$
$$\log(N-n)! \simeq (N-n)\log(N-n) - (N-n)$$

であるから

$$\log{}_N\mathrm{C}_n \simeq (N-n)\log\frac{N}{N-n}+n\log\frac{N}{n} \qquad (3)$$

となる．横軸を n として，この式をグラフに書くと，$n=N/2$ を中心として左右対称になる．そこで $n=N/2$ からのずれの程度を表わす変数 δ を，次のように定義する．

$$n \equiv N\left(\frac{1}{2}+\delta\right)$$

▶ ただし，特に関心があるのは，確率 P が大きい $\delta=0$ の付近である．

n が 0 から N まで変化するときは，δ は $-1/2$ から $+1/2$ まで変わる．これを(3)に代入すると

$$\log{}_N\mathrm{C}_n \simeq -N\left(\frac{1}{2}-\delta\right)\log\left(\frac{1}{2}-\delta\right)-N\left(\frac{1}{2}+\delta\right)\log\left(\frac{1}{2}+\delta\right) \qquad (4)$$

となる．

■ $P(N,n)$ の近似式

前節の $P(N,n)$ を，上記の式により変形する．まず対数を考えると，

$$\begin{aligned}\log P(N,n) &= \log{}_N\mathrm{C}_n - N\log 2\\ &\simeq -N\left(\frac{1}{2}-\delta\right)\log(1-2\delta)-N\left(\frac{1}{2}+\delta\right)\log(1+2\delta)\end{aligned} \qquad (5)$$

となる．特に δ が小さい場合は

$$\log(1\pm 2\delta) \simeq \pm 2\delta - 2\delta^2 + O(\delta^3)$$

▶ x が小さいときは，
$\log(1+x) = x-\frac{1}{2}x^2+\cdots$

という対数の展開式を用いると

$$\log P(N,n) \simeq -2N\delta^2 \qquad (6)$$

となる．つまり

$$P(N,n) \propto e^{-2N\delta^2} \qquad \left(\delta \equiv \frac{1}{N}\left(n-\frac{N}{2}\right)\right) \qquad (7)$$

であり，$\delta=0$（つまり $n=N/2$）で最大になる形をしている．このような，2乗（δ^2）の指数関数で表わされる分布を**ガウス分布**と呼ぶ．その性質については次節でさらに詳しく説明する．

注意 今までの計算では(2)を用いたので，(6)では $\log N$ に比例した項が無視されている．したがって(7)の比例係数は求まらない．もしより正確な(1)を用いれば

$$P(N,n) \simeq \sqrt{\frac{2}{\pi N}}e^{-2N\delta^2} \qquad (7')$$

▶ $\int_{-\infty}^{\infty}e^{-\alpha x^2}dx=\sqrt{\frac{\pi}{\alpha}}$ を使う．

であることがわかる．$\sqrt{2/\pi N}$ は，確率の和を 1 にするために必要な係数である（章末問題3.1参照）．つまり，

$$\int_{-\infty}^{\infty} P(N,n)dn = 1 \qquad (8)$$

3.4 平均値とゆらぎ

> **ぽいんと**
> 前節で求めたガウス分布の性質を調べる．特に粒子の総数 N が増えたときに，確率が中央に集中していく様子が興味深い．
> キーワード：ゆらぎ

■ガウス分布とその幅

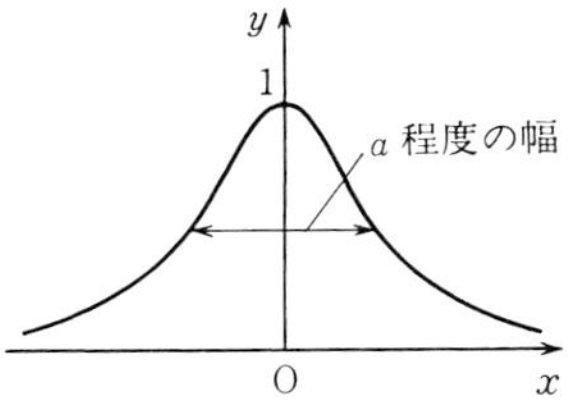

前節で求めた確率分布 (7) あるいは (7′) の意味を考えよう．まず最初の $\sqrt{2/\pi N}$ という因子は δ に無関係なので，確率の分布には関係ない．確率の和が 1 となるように全体の大きさを調節しているだけである．分布はその後の指数の部分で決まっている．この指数の部分のように，

$$y = e^{-x^2/a^2} \quad (a\text{ は定数})$$

という形をした関数は，図 1 のような形をしている．$x=0$ で $y=1$（最大値）となり，$x \to \pm\infty$ で急速に減少する．減少の速度は a に依存する．たとえば

$$x = \pm 0.83a \text{ のとき} \quad y = 1/2$$
$$x = \pm 5.26a \text{ のとき} \quad y = 10^{-12}$$

である．x が a 程度の大きさで y が半分になるので，a がこの関数の幅の程度を表わしていると思ってよい．

この型の関数で表わされる確率分布のことを，**ガウス分布**という．前節の (7) はまさにガウス分布を表わしている．そして関数の幅を考えれば，

$$|\delta| < 1/\sqrt{N} \text{ の数倍}$$

の範囲に確率のほとんどが集中していることがわかる．もし N が 10 の何十乗という膨大な数であれば，幅はほとんどゼロとなり，δ は確実にゼロであるということになる．δ は原理的には $-1/2$ から $+1/2$ までばらつく量であるが，事実上ゼロに決まってしまうのである．

図1 ガウス分布 $y = e^{-x^2/a^2}$ の一般形

▶ $y = e^{-x^2/a^2}$
$P \propto e^{-2N\delta^2}$
より，a を $1/\sqrt{2N}$ とすれば，2 つの式は同じ形になる．

■平均値とゆらぎ

$\delta = 0$ ということは，$n = N/2$ ということである．N は全粒子数，n はそのうち，容器の左半分にある粒子の個数であった．つまり $\delta = 0$ というのは，粒子の半数が左側にあるということで，平均値としては当然の結果である．しかし n の**ゆらぎ**（分布の幅）については注意が必要である．

δ のゆらぎは $1/\sqrt{N}$ 程度の量なので，$N \to \infty$ のときにはゼロとなる．しかし

$$n = N\left(\frac{1}{2} + \delta\right)$$

であるから，n の $N/2$ からのずれは，$n - N/2 = N\delta$ より

$$N \times \frac{1}{\sqrt{N}} \sim \sqrt{N}$$

程度の大きさとなる．つまり粒子の個数が増せば，左にある粒子数の平均値からのずれも増える．しかし重要なのは，ずれが N ではなく $\sqrt{N}$ に比例しているということである．その結果，平均値に対するずれの「比率」を考えれば，N が限りなく大きいときに，ずれはゼロになるのである．

▶平均値に対するずれの比率.
$N \to \infty$ のとき
$$\frac{N\delta}{N/2} \sim \frac{\sqrt{N}}{N/2} \to 0$$

■統計力学と確率

実際の気体の粒子数は，アボガドロ数（1.3節）を考えてみればよい．理想気体の場合，273 K（摂氏零度），1気圧の気体は，22.4 l 中に1モル，つまりアボガドロ数 (6.022×10^{23}) 個の分子を含んでいる．一般に，熱・統計力学が対象とする物体は，この程度の数の粒子を含んでおり，それらが，まったく勝手な運動をしているとしても，上の説明によれば，全体としての振舞いを平均値で置き換えてもよいということを意味している．1つ1つの分子は容器の右側にあるのか左側にあるのかまったくわからないが，全体として何パーセントの分子が左側にあるのかは，完全にわかってしまうのである．

この事情は，左半分をさらに左右に分けても変わりはない．半分にしても分子の数は相変わらず膨大なので，平均値からのずれはほとんどない．N が 10 の 23 乗といった数から始めたとすれば，最初の体積を何万等分したとしても，各部分の粒子数は依然として膨大である．分割が等分割であれば，各部分に同じだけの分子が存在するのはまず間違いない．つまり気体の分子は，それぞれがまったく勝手に動いているにもかかわらず，箱の中に驚くほど一様に分布しているのである．

また，「各分子は勝手に動いているにもかかわらず」といったが，むしろ「勝手に動いているからこそ」計算が簡単にできたのである．勝手に動いているから，容器の左右にある確率が，各粒子2分の1ずつの等確率になった．そのため，粒子数がいくら多くても確率の計算が可能になった．もし粒子が，お互いに影響を及ぼしあって運動していれば，そうはいかない．その場合，もしある粒子が左側にあったとしたら，その影響を受けている別の粒子が左にあるか右にあるかは，等確率とはいえなくなる．

その意味で，理想気体は他の物体に比べてはるかに簡単な系である．それでも，理想気体の場合に行なった，現象を等確率のものに分類し，それを基準にして確率を計算するという方針は，統計力学の基本である．その方針を一般的にどのように実行するのか，それが次章からの課題である．

章末問題

[全節共通の問題]

3.1 (3.3.7)を求めるのに(3.3.1)の無視された対数の項まで計算に含めることにより，(3.3.7′)が求まることを示せ．また，(3.3.8)を確かめよ．

3.2 気体の入っている容器を半分ずつに分けるのではなく，$p:q$（$p+q=1$）に分けた場合のことを考えてみよう．

(1) 全粒子数を $N(\gg 1)$ とする．左側(p)に n 個，右側(q)に $N-n$ 個分布する確率が

$$_N C_n p^n q^{N-n}$$

であることを示せ．

(2) $n/N = p$ となるときの確率が最大になるであろうことを予想し，δ を

$$\delta = \frac{n}{N} - p$$

と定義して(3.3.5)に対応する式を求めよ．

(3) δ を小さいとして対数を展開し，(3.3.6)に対応する式を求めよ．

(4) n の平均値からのゆらぎはどの程度か．

3.3 Aさんは酔っ払って，左右に行ったり来たりしている．左にいくか右にいくかは，まったくでたらめ(確率は2分の1ずつ)だが，各1歩の歩幅は正確に同じであるとする．N 歩後のAさんの位置を，出発点からの歩数 m（右はプラス，左はマイナスとする）で表わすとき，m の平均値，また m^2 の平均値を求めよ．ただし $N \gg 1$ とし，3.3節の結果を用いよ．(これを酔歩問題，あるいは**ランダムウォークの問題**と呼ぶ．) ただし

$$\int_{-\infty}^{\infty} x^2 e^{-\alpha x^2} dx = \frac{1}{2\alpha}\sqrt{\frac{\pi}{\alpha}}$$

(これは，3.3節に書いた x^2 のない公式を α で微分すれば求まる．)

4
統計力学の基本原理

ききどころ

　無数の原子の集合である物質のことを，確率論と力学の原理を基礎として調べるのが統計力学である．前章では簡単な例として，気体が容器の左右にどのように分布するかという確率の計算をした．確率の計算が可能になったのは，1つ1つの粒子が左右に分布する確率が2分の1ずつであることがわかっていたからである．つまり，1つ1つの確率がわかって初めて，全体の確率が計算できる．一般的な統計力学の問題で，この「1つ1つの確率」に対応するものが等重率の原理である．そしてこの原理と，粒子が無数にあるということを組み合わせると，系全体の振舞いを計算することができるようになる．温度の定義，熱平衡の条件，エントロピー非減少の法則など，統計力学における基本的な事項もすべて，この等重率の原理によって理解することができる．

4.1 平衡状態と状態数

━━━━━━━━━━━━━━━━━━━━━━━━━━━━━━━ ぽいんと ━━━━━━━━━━━━━━━━━━━━━━━━━━━━━━━

統計力学を考えるうえで基本となる，平衡状態，非平衡状態，そして状態数という概念を説明する．
　キーワード：平衡状態，非平衡状態，状態数

■平衡状態・非平衡状態の例（図1）

密閉した容器の中に仕切り板を入れ，片側を真空にしておく．この状態は，仕切り板がある限り平衡状態である．しかし板が突然なくなったとすると，気体は真空の部分に吹き出す．これは非平衡状態である．吹き出した影響で，容器の中に気体の流れが残っている間は非平衡状態であるが，それが静まり気体が容器全体に均一に充満した状態になれば，平衡状態といえる．

もう1つ例をあげておこう．温度の異なる2つの物体があったとする．その間が熱が移動できない状態になっていれば，それは平衡状態である．しかし熱が移動できるのに温度に差があれば非平衡状態である．そのような状態はそのままでは留まらず，熱は温度の高いほうから低いほうへ流れ，結局2つは同じ温度になる．そうなれば平衡状態である．

以上の例では，平衡状態は変化せず静的である．ただし平衡状態でも，無限小の速度で変化が起こることはある．それが前章で考えた準静過程で，系は平衡状態を保ちながらゆっくり変化する．もちろん実際には無限小の速度というのはありえないから，平衡状態に限りなく近い非平衡状態というのが厳密ないい方ではある．

ここでは，平衡状態というものの厳密な定義には立ち入らず，以上の例から感覚的に理解してもらうことにする．少なくとも非平衡状態に比べ，平衡状態のほうが取り扱いがはるかに簡単であることは，予想できるだろう．前章で粒子の分布に対し確率の議論が使えたのも，平衡状態であることを暗に仮定していたからである．たとえば気体が乱れていて内部に疎密があり，非平衡状態だったら，粒子それぞれの位置が容器の左右にある確率は，2分の1とはいえなくなってしまい，確率計算の前提が失われる．

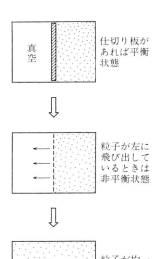

図1

■状態数

▶この状態数をもとにして確率を計算するのだが，それについては次節参照．

粒子分布の問題に限らず，平衡状態での系の性質を調べるには，確率の考え方を使う．その出発点となるのが，**状態数**という概念である．

N 個の粒子からなる，体積 V の系を考える．気体でも，そうでなくてもかまわない．この系の全エネルギーを E としよう．全エネルギーを指定しても，そのエネルギーをもつ系の状態は無数にある．全エネルギーが

決まっても，それを各粒子に分配する方法は，特に粒子数が多ければいくらでも考えられるし，粒子の位置や運動方向などは任意であるからである．ここでは，そのような違いをもつ状態を1つ1つ数える．そのようにして数えた，エネルギーEをもつ状態のとりうる総数を状態数といい$\rho(E)$と表わす．

▶ $\rho(E)$は多重度あるいは縮退度とも呼ばれる．

状態数を数えるときに，エネルギーばかりでなく全粒子数とか体積など，「系全体」の性質を表わす変数(**マクロの変数**と呼ぶ)の値も指定しておくことにすると，この状態数ρは全粒子数Nや体積Vの値にも依存する関数となる．

■古典力学と量子力学

話を進める前に，状態数というものが，そもそも1つ2つと勘定できるのかどうか，説明しておかなければならない．気体の場合，量子力学ではなく古典力学で考えると，状態が1つ1つ数えられないことはすぐわかる．たとえば粒子が1つだけの場合を考えてみよう．粒子の状態は，位置と速度(あるいは運動量)で決まる．しかし粒子が存在できる位置は連続的に変われるので，1ヵ所2ヵ所と数えるわけにはいかない．速度のほうも，エネルギーを指定すれば限定はされるが，方向は連続的に変われるので数えられない．

この問題は，量子力学で考えると解消する．量子力学では，有限な領域の中に閉じ込められた粒子のもつ運動量は，大きさもその方向も，連続的ではなく離散的な値(つまりとびとびの値)しかとれない．考えている容器が大きければそのとびはきわめて微小であるが，ともかく離散的なので1つ2つと数えられる．さらに，運動量を決めてしまうと位置は原理的に特定する必要がなくなる(不確定性原理)ので，状態の数は数えられるようになる(4.5節)．

▶ 運動量を決めれば，状態は決まってしまい，それ以上，位置を制限することはできない．

統計力学においては原理的にこのような量子力学的な考えが重要な役割をするが，現実の問題では量子力学を必要としない例も多い．たとえば単原子分子の理想気体の場合は，古典力学で考えても，状態数の「比」は計算することができる．つまりρが，どのような関数に比例するかを求めることはできる．そしてそれだけで，第1章で直観的に求めた単原子分子の理想気体に対する結果はすべて統計力学的に導ける．

その他にも，問題の解法に直接関係する部分の計算には古典力学で十分な場合も多い．また量子力学が必要な場合でも，いったん状態数ρがわかれば，後の考え方は古典力学の場合と変わりはない．

4.2 等重率の原理

━━━━━━━━━━━━━━━━━━━━━━━━━━━━ ぽいんと ━━━━━━━━━━━━━━━━━━━━━━━━━━━━

統計力学では，多数の粒子を含む系の平衡状態の性質を調べる．それを可能とするのが確率の手法であり，確率の概念を力学と結びつけるのが，ここで説明する等重率の原理である．

キーワード：等重率の原理，アンサンブル（母集団），H 定理

■等重率の原理

統計力学に確率を導入するときには，前節で導入した状態数 ρ が基本となる．まず系のエネルギーが E であるとしよう．すると系の状態としては $\rho(E)$ 個の可能性がある．そして一般に，時間が経過するとその状態は移り変わる．

そこで，統計力学では系の「平衡状態」の性質を計算するとき，次に述べる「等重率の原理」というものが成り立っていることを仮定して計算する．この原理は，系がどの状態にいるかという確率を定める原理（仮定）であり，次のように述べることができる．

> **等重率の原理** ある時刻にその系が，ある特定の状態にいる確率は，すべての可能な状態に対して等しい（すなわち可能な状態が ρ 個あるとすれば，系がそれぞれの状態にある確率は $1/\rho$ となる）．

■アンサンブル（系の集合）

この原理の解釈について考えてみよう．確率とはそもそも，まず多数のサンプルの集合を考え，どの状態がどの程度の割合で実現しているかということを表わしている．したがって，上記の等重率の原理でも，まず系のサンプルの集合（アンサンブルと呼ぶ）の存在を前提としなければならない．

▶統計学で，**母集団**と呼んでいるものに対応する．

▶サイコロを例にすれば，無数のサイコロを振ったとき，目が1というサイコロも，目が6というサイコロも偏りなく1/6ずつの割合で存在しているというのが等重率の原理である．

つまり，同じ体積，同じ粒子数，同じエネルギーをもつ系のサンプルが無数にあるとし，その集合を，確率を計算する上でのアンサンブルと考える．サンプル1つ1つの状態はまちまちであるが，それぞれの状態にあるサンプルの数を数え，その割合を各状態の確率と考える．そして平衡状態を調べるときは，その確率がすべての状態に対して等しくなっているようなアンサンブルを考えようというのが，等重率の原理である．

■等重率の原理の正当性（H 定理）

統計力学とは，系の中の特定の粒子の動きは考えず，系全体としての性質を明らかにしようという学問である．したがって，エネルギー，体積など，全体的な性質を共有するサンプルの集合，つまりアンサンブルを考え，各

サンプルにおける値のアンサンブル全体での平均値を，その系の性質と考える．そして等重率の原理とは，このような計算をするアンサンブルを設定するために決められた条件である．

　もちろん，この原理を満たさないようなアンサンブルをいくらでも考えることができる．特定の状態にあるような系ばかりを集めてアンサンブルを作れば，等重率の原理など成り立たない．それでもこの原理を考えるのは，次のような定理が，いくつかの状況において成り立つからである．

> **H 定理** 任意のアンサンブルを考える．その中の各サンプルの状態は，時間の経過とともに移り変わる（遷移する）とする．その結果，そのアンサンブルにおける各状態の割合は変化していくが，時間が十分経過すれば，すべての状態の割合は等しくなる．つまり等重率の原理を満たすアンサンブルが必ず実現する．

　定理と書いたが，実は一般的に証明されているわけではない．特殊な状況を考えれば，この定理を満たさないようなアンサンブルも考えられる．しかし出発点として考えるアンサンブルがある意味での乱雑さをもっており，しかも状態の遷移に対して適当な条件を付ければ，この定理を証明することができる．古典力学的なものも量子力学的なものも含めて，さまざまな条件下で，この定理が証明されており，それらを総称して **H 定理** と呼んでいる．

▶このような定理を最初に提示したのが，オーストリアの理論物理学者 Boltzmann (1844-1906) である．H 定理という名は，そのとき彼が使った記号に由来する．ただし，H 定理の厳密な定式化，解釈，証明は，まだ未解決の問題である（巻末の文献参照）．

■平衡状態と等重率の原理

H 定理の詳しい話はこの本ではしない．H 定理が実現しているきわめて簡単な例を次節で説明し，なぜ，このような定理が成り立つのか感覚的に理解してもらうことにする．

　ここでは等重率の原理の物理的な意味についてさらに考えてみよう．等重率の原理を仮定すれば，すべての状態は等確率で実現している．平衡状態か非平衡状態かということには無関係である．しかし等重率の原理を満たすアンサンブルを使って平均値を出せば，それは必ず平衡状態における系の性質を表わすことになる．それは，すべての状態を平衡状態と非平衡状態に分類したとき，粒子数が膨大なときは平衡状態に属するもののほうが圧倒的に多いからである．

　時間が経過すると非平衡状態がなぜ平衡状態に移っていくのか，その理由もこのことから理解することができる．もし最初に非平衡状態に属する状態であったとしても，時間が経過すると別の状態に遷移する．遷移がある程度ランダムに，つまり遷移していく先をあまり選り好みせずに遷移が起こるとすれば，行き着く先は圧倒的に状態数が多い平衡状態であるのは，確率的には当然である．

▶再び理想気体での粒子分布のことを考えるとわかりやすい．平衡状態では，粒子は左右均等に分布している．そして粒子数が膨大なときは，粒子が左右同程度に分布している状態数が圧倒的に多いことは，前章で示したとおりである．

4.3 等重率への移行

```
━━━━━━━━━━━━━━━━━━━━━━━━━━━ ぽいんと ━━━━━━━━━━━━━━━━━━━━━
```
時間が経過すれば，アンサンブルが必ず等重率を満たすようになると主張するのが，前節の H 定理である．等重率というきわめて特別な状況が，なぜ必ず実現するのか不思議に感じるかもしれない．定理といっても厳密に証明ができているわけではないが，特殊な状況を除いては成り立つと想像されている．そしてそう考えるには，それなりの理由がある．ここではごく単純な例を考え，等重率が自然に実現していく様子を計算してみよう．そこでは状態の遷移における「詳細釣り合い」という性質が，本質的な役割をする．

キーワード：遷移確率，詳細釣り合いの原理

■遷移確率

n 個の状態があって，それらが皆互いに移り変われるとする．単位時間に，i 番目の状態が j 番目の状態に移り変わる（遷移する）確率を**遷移確率**といい，

$$P(i \to j)$$

と書くことにする．（移り変わりが確率的に起こるという意味で，以下の説明は量子力学的な考え方ではあるが，量子力学に特有な状態の間の「干渉」という効果は無視している．むしろ古典力学的なイメージで理解できる．等重率が成り立つ理由の本質的な部分を理解するためには，以下の議論で十分だろう．）

▶干渉というものの存在が，量子力学で H 定理を証明することの難しさの一因である．

P は確率であるから，すべてを足し合わせれば 1 になる．ただし，i 番目の状態にとどまる確率も含めておかなければならない．つまり

$$P(i \to i) + \sum_{i 以外の j} P(i \to j) = 1 \tag{1}$$

■詳細釣り合いの原理

▶詳細釣り合いの原理よりゆるい条件下での H 定理の証明もある．

次に，**詳細釣り合いの原理**という条件を説明する．この条件が等重率を導くうえで本質的な役割をする．この原理は，i から j に遷移する確率と，逆に j から i に遷移する確率が等しい，つまり

$$P(i \to j) = P(j \to i) \tag{2}$$

ということである．

この等式は次のような意味をもつ．まずある i という状態が，他の状態に移り変わりやすいとする．つまり (2) の左辺が大きいということである．するとこの等式により，右辺も大きくなければならない．つまり，他の状態から i という状態に移ってくる確率も大きいということである．逆も成り立つ．他の状態に移り変わりにくい状態には，他の状態から移ってくる確率も小さい．

4 統計力学の基本原理

■等重率の実現

このバランス（釣り合い）が，すべての状態が同じ確率で存在するという等重率状態への移行を導くための基本である．

ここでは厳密な数学的証明はせず，簡単な具体例で，等重率の原理が満たされていく様子をみることにする．

まず，状態は a, b, c の3通りしかないとする．そしてその状態間の単位時間当たりの遷移確率が表のようになっているとする．

遷移前の状態		a	b	c
遷移後の状態	a	1/2	1/3	1/6
	b	1/3	1/2	1/6
	c	1/6	1/6	2/3

(1)および(2)が成り立っていることを確認してほしい．

次に，ある時刻（出発点）で，アンサンブルに属するすべてのサンプルが a という状態にあったとする．つまり a にいる確率が1（100%）で，b や c にいる確率はゼロだとする．ここでは等重率の原理が成り立っていない．しかし a という状態は，時間の経過とともにある確率で他の状態に遷移する．そして最終的には，すべての状態にある確率が等しくなる（つまり1/3になる）．それをこれから証明しよう．

厳密には微分方程式を使って解かなければならないが，およそを知るには，遷移が単位時間ごとに段階的に起きるとして計算すれば十分である．単位時間を1秒とする．まず1秒たつと，a からの遷移が起きる．2秒目からは，3つの状態それぞれからの遷移が起きる．それを模式的に示したのが図1である．

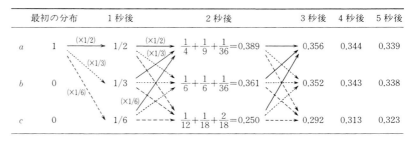

図1 等重率の実現

各状態にある確率が，急速に1/3に近づいていく様子がわかる．c という状態に遷移する確率は小さいので，系が c にいる確率の増え方は遅い．しかし一旦 c になると，そこから抜け出る確率も小さいので，結局は1/3になるのである．

4.4 エネルギーと状態数（具体例）

ぽいんと

系の全エネルギーが E であるような状態の数が $\rho(E)$ である．系の各部分あるいは各粒子への，エネルギー E の分配方法の数といってもよい．エネルギーが増えれば分配方法も増えるだろうから，ρ は E の増加関数であることが予想される．特に系の粒子数が膨大な場合，ρ がどのように増加するかを調べてみよう．

キーワード：基底状態，等間隔のエネルギー準位と状態数

■粒子のエネルギーと全エネルギー

理想気体のように，各粒子のエネルギーの和が系の全エネルギーになる場合を考える．全エネルギーを E，粒子数を N，各粒子のエネルギーを ε_i ($i=1 \sim N$) とする．このとき，

$$E = \sum_{i=1}^{N} \varepsilon_i$$

である．粒子には，最小エネルギーの状態（**基底状態**と呼ぶ）というものがある．そのときのエネルギーを，すべての粒子に対して $\varepsilon_i = 0$ とする．エネルギーの基準点はどこにとってもかまわないから，$\varepsilon_i = 0$ とするのは常に可能である．すると，全エネルギーの最小値は

$$E = 0$$

となる．また逆に $E=0$ とすると，すべての粒子のエネルギーは0にならざるをえないから，系の状態は決まってしまう．つまり

$$\rho(E=0) = 1$$

である．E が大きくなれば，それの各粒子への分配方法も増えるが，具体的には各粒子がどのようなエネルギーをもちうるのかに依存する．単原子分子の理想気体の場合については，次節で議論する．ここではもっと簡単で，組合せを考えることにより厳密に計算できる例を取り上げる．

▶各粒子の最小エネルギーの状態が1つであるということは仮定する．

[例] エネルギー準位が等間隔の場合

各粒子がもちうるエネルギーはとびとびであり，それも $\varepsilon_i = 0$ を最小値として，それから等間隔に並んでいるとする．話を簡単にするために，間隔を1としよう．つまり各粒子のエネルギーは

$$\varepsilon_i = 0, 1, 2, 3, \cdots$$

という値のどれかをとることになる．この間隔は，単原子分子の理想気体での粒子のエネルギーとは異なるが，後で示すように，いくつかの重要な問題に現われる．しかし，ここでは物理のことは忘れ，単純に順列組合せの問題として，全エネルギー E の各粒子への分配方法の数を計算してみよう．

[1] $E=0$ のとき

すでに上で述べたように，すべての粒子のエネルギーがゼロでなければならないから，$\rho(0)=1$ である．

[2] $E=1$ のとき

1つの粒子にエネルギー1を分配し，他の粒子のエネルギーはゼロとしなければならない．エネルギーが1になる粒子は，N 個ある粒子のうちどれでもかまわないから，$\rho(1)=N$ である．

[3] $E=2$ のとき

$E=2$ を実現するには，2通りの方法がある．まず，1つの粒子にエネルギー2を分配し，他はすべてゼロとする場合．どの粒子を選ぶかの違いにより，この方法には N 通りの可能性がある．

第二は，2つの粒子にエネルギー1を分配し，残りはすべてゼロとする方法である．全粒子 N 個から2個の粒子を選ぶ方法は

$$_N\mathrm{C}_2 = \frac{N(N-1)}{2}$$

だけあるので，これが，この方法の数である．この2つを加えれば

$$\rho(2) = N + \frac{N(N-1)}{2} = \frac{(N+1)N}{2}$$

であることがわかる．

■一般の E の場合

実はこの問題は，順列組合せとしては典型的なものであり，一般の E に対して答は

$$\rho(E) = {}_{N+E-1}\mathrm{C}_E = \frac{(N+E-1)!}{E!(N-1)!} \tag{1}$$

であることが知られている．

この式は次のようにして証明される．まずこの問題は，E 個の白玉と $N-1$ 個の黒玉を並べる方法の数に等しいことに注意しよう．続いて並んでいる白玉の数が，各粒子のエネルギーに相当し，ところどころにはさまっている黒玉は，次の粒子との区切りを表わしていると考えればよい．たとえば左から3番目の黒玉と4番目の黒玉の間に a 個の白玉が並んでいたら，それは4番目の粒子のエネルギーが a であることに対応すると考える．つまりエネルギーの分配方法1つずつに対して，この白玉と黒玉の並べ方1つが対応している．

$$\underbrace{\circ\circ\circ}_{\varepsilon_1=3}\underbrace{\bullet}_{}\underbrace{\circ}_{\varepsilon_2=1}\underbrace{\bullet}_{}\underbrace{\circ\circ}_{\varepsilon_3=2}\bullet\cdots$$

そして玉の並べ方の数は，合計 $E+N-1$ 個並んだ玉のうち，E 個が白であるようなものの数だから，(1)が成り立つことがわかる．

4.5 理想気体中の粒子の状態

こんどは，理想気体の場合に状態をどう勘定するかを考えよう．古典力学的に考えると，エネルギーはどのような値でもとれるので，状態が連続的につながってしまい，1つ，2つと勘定することができない．そこで，量子力学的に考える必要がある．ただし量子力学といっても，波についての基本的な知識があれば理解できる．

キーワード：ド・ブロイの関係式，プランク定数

■ 1次元空間中の粒子

話を簡単にするために，まず，長さ L の1次元の空間に原子が1つだけある場合を考えよう．原子の質量を M，運動量を p とすれば，この粒子のエネルギー ε は

$$\varepsilon = \frac{1}{2M}p^2 \qquad (1)$$

である．

運動量 p の値が連続的に変化すると，エネルギーの値も連続的に変化する．つまり状態の数が連続的に変化することになり，1つ，2つと勘定することができない．古典力学的に考えれば運動量の値を制限する理由は何もない．しかし，量子力学で考えると，長さ L が有限のときには，許される運動量 p の値にも制限がつく．その理由を簡単に説明しておこう．（ただし，ここでは，理由はわからなくても，結果だけを知っていればよい．）

量子力学によれば，一定の運動量 p をもつ粒子の状態は，それに対応した一定の波長 λ をもつ波（ド・ブロイ波）で表わされる．この p と λ の関係を表わすのが**ド・ブロイの関係式**で，プランク定数 h というものを使い

$$p = \frac{h}{\lambda} = \frac{2\pi\hbar}{\lambda} \qquad (2)$$

と表わされる．

さらに，量子力学では，この粒子が長さ L の領域に閉じ込められているときには，この波の節が領域の境界に一致し

$$L = \frac{\lambda}{2}n \qquad (n=1,2,3,\cdots)$$

となっていなければならない（図1）．つまり，(2)より

$$p = \frac{\pi\hbar}{L}n \qquad (3)$$

▶ **プランク定数**
$h = 6.626 \times 10^{-34}\,\mathrm{m^2\,kg\,s^{-1}}$.
$\hbar (\equiv h/2\pi)$ という記号もよく使われる．

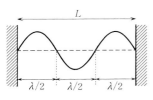

図1 ド・ブロイ波（$n=3$ の場合）

ということになる．すなわち，長さ L の領域に閉じ込められた粒子の運動量 p は連続的に変化するのではなく，とびとびの値をとる．

これを使えばエネルギーは，(3)を(1)に代入して

$$\varepsilon = \frac{1}{2M}\frac{\pi^2\hbar^2}{L^2}n^2 \tag{4}$$

となる．状態が数えられるようになったことがわかるだろう．もちろん $n=1$ がエネルギー最小の状態であり，n が 2, 3 と増えていくにつれてエネルギーも増えていく．

原子が多数含まれている場合も同様である．ただし，ここでは「理想気体」を考えているので，原子が衝突しても何も起こらずに素通りすると仮定する．つまり原子間にはまったく力が働かず，この気体の全エネルギーは，各原子のエネルギー ε_i の和で表わされると仮定する．

各粒子に番号を付け，たとえば i 番目の原子の運動量を

$$p_i = \frac{\pi\hbar}{L}n_i \qquad (n_i = 1, 2, 3, \cdots) \tag{4}$$

と表わせば，この気体の全エネルギー E は

$$E = \frac{1}{2M}\frac{\pi^2\hbar^2}{L^2}\sum_{i=1}^{N}n_i^2$$

となる．最小エネルギーの状態は，もちろん，すべての n_i が 1 となる場合である．

■ 3次元の場合

現実の 3 次元空間の場合でも，以上の議論はほとんど変わらない．まず，3 次元空間中の粒子 1 つのエネルギーは

$$\varepsilon = \frac{1}{2M}(p_x^2 + p_y^2 + p_z^2)$$

である．p に付けた添字は，どちらの方向の運動量であるかを示している．そしてこの粒子が，1 辺 L の立方体の中に閉じ込められているとしよう．すると各方向に対して，1 次元の場合に行なった議論を使い

$$p_x = \frac{\pi\hbar}{L}n_x, \qquad p_y = \frac{\pi\hbar}{L}n_y, \qquad p_z = \frac{\pi\hbar}{L}n_z \tag{5}$$

となる．ただし n_x, n_y, n_z はみな 1 以上の正の整数である．したがって，1 粒子のエネルギーは

$$\varepsilon = \frac{1}{2M}\frac{\pi^2\hbar^2}{L^2}(n_x^2 + n_y^2 + n_z^2) \tag{6}$$

となる．これを N 個加えたものが理想気体のエネルギーである．

4.6 理想気体の状態数の計算

ぽいんと

前節で説明した理想気体中の1粒子の状態を組み合わせ，理想気体全体のエネルギーが決まっているときの状態数を勘定する．これは多次元の球面の面積というものから計算できる．また同種粒子効果という，状態数を勘定するときに忘れてはならない概念を説明する．

キーワード：理想気体の状態数，同種粒子効果

■状態数の計算（1次元の場合）

4.4節の例にならって，各エネルギー E に対する，この系の状態数 $\rho(E)$ を計算しよう．ただしここでは，ρ を密度として定義する．つまりエネルギーが E から $E+\Delta E$ の区間に含まれる状態数が

$$\rho(E) \cdot \Delta E$$

であるとする．

[1] 粒子数が1つのとき

まず一番単純な例として，1次元空間に粒子が1つだけあるという場合を考えよう．$\rho(E)$ の計算は，系の長さ L が大きければ比較的容易である．まず，原子が1つだけの場合を考えてみよう．

エネルギー E と $E+\Delta E$ の間に含まれる状態数を考える．そのエネルギーに対応する n の値をそれぞれ $n, n+\Delta n$ とすると(4.5.4)より

$$E = an^2$$
$$E + \Delta E = a(n+\Delta n)^2 \quad \left(a \equiv \frac{1}{2M}\frac{\pi^2\hbar^2}{L^2}\right)$$

であるが，n が1増えるごとに状態が1つあるのだから，この区間 ΔE には Δn 個の状態があることになる．そして Δn は上式より

▶ Δn は微小な量なので，$(\Delta n)^2$ の項は無視する．

$$\Delta n \simeq \frac{1}{2an}\Delta E = \frac{1}{2\sqrt{aE}}\Delta E$$

となるから，

$$\rho_{1\text{粒子}}(E) = \frac{1}{2\sqrt{aE}} \tag{1}$$

[2] 粒子数が2つのとき

粒子が2つある場合，状態は2つの正の整数 n_1 と n_2 で指定される．これは，図1の格子点で表わされる．そして各格子点のエネルギーは，原点からそこまでの距離の2乗 $(n_1^2+n_2^2)$ に a を掛けたものである($E = a \times (n_1^2+n_2^2)$)．これは，$(n_1, n_2)$ を座標にとれば，半径 $\sqrt{E/a}$ の円 (n_1, n_2 が正の部分) を表わしている (図2)．このことから，エネルギーが E から $E+\Delta E$ の間にある状態とは，原点からの距離 r が

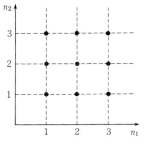

図1 粒子が2個ある場合．格子点 (●) が各状態に対応する．

4 統計力学の基本原理 53

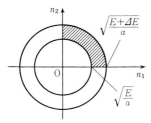

図2 斜線部分の面積が格子点の数

▶形が長方形ではないのだから，面積と格子点の数が完全に等しいとは言えないが，系の長さ L が大きいときに a が小さく，格子点の間隔に比べて面積が大きいので，ほぼ等しいと考えてよい（章末問題 4.4 参照）．

▶ $V_N(E) = \pi^{N/2} \left(\frac{E}{a}\right)^{N/2} / (N/2)!$
N が奇数のときは
$\left(\frac{N}{2}\right)!$
$= \frac{N}{2} \cdot \left(\frac{N}{2} - 1\right) \cdots \frac{1}{2} \sqrt{\pi}$
と定義する．ただしスターリングの公式は変わらない．

▶常温常圧の気体の各粒子が取りうる状態の数は，実際の粒子数に比べて圧倒的に大きい（章末問題 4.5 参照）．つまり，複数の粒子が同一の状態になる可能性はきわめて少ない．

$$\sqrt{\frac{E}{a}} < r < \sqrt{\frac{E + \Delta E}{a}}$$

である帯状の領域に含まれている状態になる．そして，その領域に含まれる状態の数，つまり格子点の数はその面積に等しい（なぜなら単位面積当たりに1つの格子点があるから）ので，結局

$$\text{面積} = \frac{1}{4}\pi\left(\frac{E + \Delta E}{a} - \frac{E}{a}\right) = \frac{\pi}{4a}\Delta E$$

$$\Rightarrow \quad \rho_{2\text{粒子}}(E) = \frac{\pi}{4a} \tag{2}$$

という結果が求まる．

[3] 一般の場合

粒子が3つだったら，3次元の球殻の体積を考える必要がある．そして一般に N 個の粒子がある場合は，N 次元の問題となる．計算の方法は基本的には上と同じで，N 次元空間の半径 $r \,(= \sqrt{E/a}\,)$ の球の体積を V_N とすると

$$\rho_N(E) = \frac{1}{2^N}\frac{dV_N}{dE} = \frac{\pi^{N/2}}{2^N}\frac{1}{(N/2)!}\frac{N}{2}\frac{E^{(N/2)-1}}{a^{N/2}} \tag{3}$$

という結果が求まる（すべての n が正なので 2^N で割る，(2)の係数の 1/4）．

■同種粒子効果

実は上の計算法では考え落としている効果がある．話を簡単にするために，原子が2つだけの場合を考えてみよう．たとえば，1番目の原子が $n=1$，2番目の原子が $n=2$ という状態と，それを逆にした1番目が $n=2$，2番目が $n=1$ という状態を比較してみよう．もし，この2つの原子が同種のものだったら，この2つの状態は同じ状態である．どちらが $n=1$ であっても区別できないので，2回勘定してはいけない．つまり同種原子の場合は，上の勘定を2で割っておかなければならない．

だが，すべてを2で割るというのも正しくない．たとえば，2つとも $n=1$ という状態は一度しか考えていない（格子点は1カ所）ので，このときは2で割る必要はない．しかし実際に，このような区別を厳密にするのは簡単ではない．そこで，2つの原子が同じ状態になっている場合を無視して，(2)を2で割ってしまうことにする．これは，粒子数に比べて取りうる状態の数が大きい場合に正しい近似である．そのような場合は2つの粒子がたまたま同じ状態になる確率が無視できるからである．

▶同種粒子効果はミクロの状態を区別しているときに問題になるが，「原子が容器の左右どちらに入るか」などといった，ミクロには状態を区別しない場合には，（ほとんど）考慮する必要がない．

同様に，N 個の原子がすべて同じ場合も，(3)を $N!$ で割っておくことにする．ただし，たとえば全エネルギーが小さく，多くの粒子が低エネルギー状態（$n=0$ とか 1）でなければならない場合は，別の方法を考える必要があることを覚えておく必要がある．

4.7 粒子数が多いときの状態数

****ぽいんと****

状態数 $\rho(E)$ という量を，2つの例で計算した．実際に統計力学で使うのは，粒子数 N が膨大なときの ρ の対数 ($\log \rho$) の振舞いである．この2つの例に共通の振舞いを見つけ，そのような性質が現われる理由を考えよう．

キーワード：状態数の対数の振舞い

■ 3次元理想気体の状態数

前節では，仮想的な1次元の理想気体の状態数を計算したが，まずそれを，実際の3次元の場合に書き換えておこう．それには，4.5節の議論を思い出せばよい．3次元の粒子が1つあるということは，1次元の粒子が3つあることと形式上は同じだから，前節の(3)で

$$N \to 3N, \qquad L^3 \to V\,(体積)$$

という置き換えをすればよい．また，やはり前節説明した同種粒子効果を考え，$N!$ で割ると，3次元の単原子分子の理想気体に対する状態数は

$$\rho_N(E) = \frac{1}{N!} \frac{\pi^{3N/2}}{2^{3N+1}} \frac{3N}{\left(\frac{3N}{2}\right)!} E^{\frac{3}{2}N-1} \left(\frac{\pi^2 \hbar^2}{2M}\right)^{-3N/2} V^N \tag{1}$$

ということになる．

■ 粒子数が多いときの状態数（単原子分子の理想気体）

粒子数が多いとき，理想気体の状態数(1)はその対数をとると

$$\log \rho(E) \simeq \frac{3}{2} N \log E + (E に依らない数) \tag{2}$$

と表わされる．($\log \rho \simeq (3N/2-1)\log E$ だが，N が大きいので -1 は省いた．)

後で必要となるので，エネルギーに依らない部分の性質も求めておこう．スターリングの公式の近似式(3.3.2)を使えば，(2)は

$$\log \rho(E) \simeq N \left\{ \frac{3}{2} \log \frac{2}{3} \frac{E}{N} + \log \frac{V}{N} + \log \left(\frac{M}{2\pi \hbar^2}\right)^{3/2} + \frac{5}{2} \right\} \tag{2'}$$

となる．

■ エネルギー準位が等間隔の場合の状態数の対数（4.4節参照）

次に，エネルギー準位が等間隔の場合，状態数の対数がどのような形になるか調べてみよう．まず，スターリングの公式(3.3.2)を使うと，(4.4.1)は

4 統計力学の基本原理

▶(4.4.1)で N も E も大きければ
$$\log \rho \simeq \log(N+E)! \\ -\log E! - \log N!$$

▶E が大きいときは
$$\log \frac{N+E}{E} = \log\left(1+\frac{N}{E}\right) \\ \simeq \frac{N}{E}$$
なので，(3)の第1項はきかない．

$$\log \rho \simeq E \log \frac{N+E}{E} + N \log \frac{N+E}{N} \tag{3}$$

となる．さらに，E が N よりもはるかに大きいとすれば
$$\log \rho \simeq N \log E + (E に依らない数)$$
となる．これは(2)とは完全に等しくはないが，共通の形をしている．

注意 ここでは，同種粒子効果による $1/N!$ という因子を掛けていない．この例では，各粒子の位置が異なるとし，粒子の種類は同じでも場所で区別ができると考えて，そうした．理想気体の場合は，各状態は容器全体に広がる波として考えているので，場所による区別はできない．このように，同種粒子効果を含めるかどうかは，系の全体的な構造をよく考えて決めなければならない．

■一般の場合

一般に粒子が無数にあるとき
$$\log \rho \simeq cN \log E + (E に依らない数) \quad (c は 1 程度の数) \tag{4}$$
という形が想像される．これは，かなり大雑把だが以下のような議論から導くことができる．

まず，全エネルギーが「E 以下」になる状態の数を，$\Omega(E)$ と表わそう．今まで議論してきた，全エネルギー E の状態数 $\rho(E)$ は，幅 ΔE に含まれる状態密度，つまり Ω の E に関する微分である．

$$\rho(E) = \frac{d\Omega(E)}{dE}$$

▶1番目の粒子がとれる状態数が ω_1，2番目が ω_2 とすれば，1と2の組合せでは $\omega_1 \cdot \omega_2$ 個の可能性がある．

次に，各粒子のエネルギーが「ε 以下」になるような1粒子の状態数を $\omega(\varepsilon)$ としよう．もしすべての粒子のエネルギーが E/N より小さければ，全エネルギーも E より小さいので，全エネルギーの状態数は，各粒子の状態数の積に比例する．すなわち，

$$\Omega(E) \sim \left\{\omega\left(\frac{E}{N}\right)\right\}^N \tag{5}$$

という関係式が成り立つ．厳密に言えば，これは左辺のほうが大きいという不等式でなければならないが，Ω を大雑把に評価するための方策として，この式を採用することにする．

▶$\omega(\varepsilon)$ とは，エネルギーが ε 以下の状態の総数だから
$$\omega = \int_0^\varepsilon \rho_{1粒子}(\varepsilon')d\varepsilon'$$
理想気体では，(1)で $N=1$ とし，$\rho_1 \propto \varepsilon^{1/2}$ だから $\omega \propto \varepsilon^{3/2}$．4.4節の例では，エネルギーが等間隔なので $\rho_1 =$ 一定より $\omega \propto \varepsilon$．

この式を使うには，ω の具体的な形を決めなければならない．4.4節の例では $\omega \propto \varepsilon$，単原子分子の理想気体では $\omega \propto \varepsilon^{3/2}$ であった．そこで一般に，
$$\omega(\varepsilon) \propto \varepsilon^c \quad (c は 1 程度の数)$$
であるとする．これを(5)に代入すれば，N が大きいとして
$$\rho(E) \propto \frac{d}{dE}\left(\frac{E}{N}\right)^{cN} = cN\left(\frac{E}{N}\right)^{cN-1}$$
$$\Rightarrow \quad \log \rho \simeq cN \log E + (E に依らない数)$$
となる．これが求めたかった結果(4)である．

4.8 状態数と熱平衡

ぽいんと

統計力学で状態数という関数が重要な役割を果たすのは，等重率の原理があるからである．等重率の原理とは，すべての可能な状態は同じ確率で起こるというものであった．したがって，エネルギー，粒子数，体積などの値を決めたとき，その条件を満たす状態の数を勘定することができれば，より詳しい条件，たとえば粒子の分布状況を決めたときに，それを満たす状態が実現する確率も計算することができる．

そこで，2つの系の熱平衡という，統計力学における基本的な問題を考えてみよう．2つの熱的に接触している系があったとする．全エネルギーは不変であるが，熱的に接触しているので，各系のエネルギーは変化しうる．そこで，全エネルギーが各系にどのように分配されるかということが問題になる．等重率の原理によれば，どのような分配も可能ではあるが，状態数を勘定すると，各系の粒子数が膨大なときには，ある特定の分配率になる確率が，圧倒的に大きいことが示される．そして，その分配率を決定する条件を表わすために，統計力学における温度という概念が導入される．

キーワード：熱平衡の条件

■エネルギーの分配

▶この節は，この本の中で最も重要な節の1つである．

2つの系(系1，系2とする)が接触しており，その間にエネルギーのやりとりが可能であるとする．ただし，それ以外の系とは接触していないので，2つの系の全エネルギー(E_0と書く)は一定であるとしよう．

そのとき，系1のエネルギーがE_1になる確率(系2のエネルギーは$E_0 - E_1$)を考えてみよう．その確率を$P(E_1)$と記す．等重率の原理によれば，$P(E_1)$は，そのようなエネルギーの分配を実現するような状態の数に比例する．そして，そのような状態数は各系の状態数$\rho_1(E_1)$と$\rho_2(E_0 - E_1)$の積に等しいから，

▶わざわざσという量を導入したのは，ここでの計算がわかりやすくなるばかりでなく，統計力学で最も基本的な量の1つ(エントロピー)が，このσに比例しているからである．

$$P(E_1) \propto \rho_1(E_1) \cdot \rho_2(E_0 - E_1) = \exp\{\sigma_1(E_1) + \sigma_2(E_0 - E_1)\} \quad (1)$$

である．ただし，

$$\sigma_i(E) \equiv \log \rho_i(E)$$

$P(E_1)$の具体的な形は，もちろんρ，あるいはσの具体的な形を決めなければわからない．しかし，ここでは一般的な議論をするために，次のような仮定だけをおく．つまり

(i) σは増加関数

▶したがって，$\sigma(E_0 - E)$はEの減少関数．

$$\frac{d\sigma}{dE}(E) > 0$$

(ii) σは凸関数

$$\frac{d^2\sigma}{dE^2}(E) < 0$$

実際，前節で示したように

$$\rho \propto E^{cN} \;\Rightarrow\; \sigma \sim cN \log E \quad (2)$$

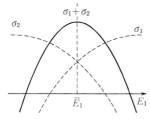

図1 各状態数の対数とその和

であれば，この条件はどちらも成り立っている（c は1程度の数）．

ともかく，σ_1 も σ_2 も上の条件を満たしていると，その和は図1のように，どこかにピークをもつ曲線になる．$\sigma_1+\sigma_2$ が最大になる，すなわちピークの位置を決める条件は，

$$\frac{d}{dE_1}\{\sigma_1(E_1)+\sigma_2(E_0-E_1)\} = 0$$
$$\Rightarrow \quad \frac{d\sigma_1(E_1)}{dE_1} = \frac{d\sigma_2(E_2)}{dE_2} \quad \text{（ただし，} E_2=E_0-E_1\text{）} \quad (3)$$

である．(3)を満たす E_1 の値を $\overline{E_1}$ とする．また，ピークの位置（$E_1=\overline{E_1}$）付近での形を見るために

$$E_1 = \overline{E_1}+(E_1-\overline{E_1}), \quad E_2 = (E_0-\overline{E_1})-(E_1-\overline{E_1})$$

として，$\sigma_1(E_1)$ と $\sigma_2(E_2)$ を $E_1-\overline{E_1}$ で展開する．すると

$$\sigma_1(E_1)+\sigma_2(E_0-E_1) = \sigma_1(\overline{E_1})+\sigma_2(E_0-\overline{E_1})$$
$$+\frac{1}{2}\left(\frac{d^2\sigma_1}{dE_1^2}+\frac{d^2\sigma_2}{dE_2^2}\right)(E_1-\overline{E_1})^2+\text{（3次以上の項）}$$
$$(4)$$

▶ $\sigma_1(E_1) = \sigma(\overline{E_1})+\frac{d\sigma}{dE_1}(E_1-\overline{E_1})$
$\quad +\frac{1}{2}\frac{d^2\sigma}{dE_1^2}(E_1-\overline{E_1})^2$
$\quad +\cdots$
と展開する．σ_2 も同様．すると(3)より，1次微分の項が打ち消し合い(4)が求まる．

と表わすことができる．σ の2階微分はマイナスであると仮定したので，これは下向きの放物線であることに注意しよう（図1の実線）．

■ピークの形

以上の計算の物理的な意味を考えてみよう．まず，$\sigma_1+\sigma_2$ が最大になれば，当然 $P(E_1)$ も最大になる．つまり $E_1=\overline{E_1}$ となるようにエネルギーが分配される確率が一番大きい．では，他の可能性と比べてどの程度大きいだろうか．それは放物線(4)の減少の割合，つまり σ の2階微分に関係している．

2階微分の具体的な形は，系の性質によって異なるが，(2)という形をしていれば

$$\frac{d^2\sigma_i(E_i)}{dE_i^2}(E_i-\overline{E_i})^2 \sim -cN_i\left(\frac{E_i-\overline{E_i}}{\overline{E_i}}\right)^2$$

である．つまり，粒子数 N_i が10の何十乗という膨大な数のときには，(4)はピーク（$E_1=\overline{E_1}$）からずれると急激に減少する関数であり，その指数である $P(E)$ は，ピークからずれると急激にゼロになってしまう関数であることがわかる．

▶ (4)で2次の項まで考えれば $P(E_1)$ は $E_1-\overline{E_1}$ についてのガウス分布である．その幅は3.4節の議論より
$$\frac{E_1-\overline{E_1}}{\overline{E_1}} \sim \frac{1}{\sqrt{N}}$$
N が 10^{22} 程度ならば E_1 が $\overline{E_1}$ からずれる割合はきわめて小さい．

結局，熱的に接触している2つの系の，エネルギーの分配率は，双方の粒子数が膨大ならば，ほとんど一意的に決まってしまうということになる．そしてその分配率を決める条件式は，各系の状態数 ρ の対数 σ を使って，(3)のように表わされる．これから決まる分配率が，**熱平衡の条件**となる．

4.9 統計力学での温度とエントロピーの定義

ぽいんと

前節で，2つの系が熱的に接触しているときのエネルギー分配を決める条件を導いた．エネルギーがこのように分配されていると，それ以上エネルギーの移動は起こらなくなる．

接触している系でエネルギー移動が起こらないということは，熱力学的にいえば熱平衡であることを意味する．この本の第1章で，単原子分子の理想気体の場合に温度という量を定義し，温度が等しいことが熱平衡の条件であるという直観的だが厳密ではない説明をした．しかし，熱平衡に対する統計力学的な厳密な条件式が求まったので，これを使い，理想気体に限らない一般的な系に対して，温度という量を厳密に定義することができる．

キーワード：温度の統計力学的定義，エントロピーの統計力学的定義，サックール・テトロードの公式

■温度の定義

熱平衡の条件式(4.8.3)は，系1に関する量である左辺と，系2に関する量である右辺が等しいという式である．そこで一般の系に対し，その系の状態数 ρ の対数である $\sigma\,(=\log\rho)$ を使って

$$\frac{d\sigma}{dE} \equiv \frac{1}{\tau}$$

という新しい量 τ を定義しよう． σ も τ も，その系のエネルギー，大きさ（体積），粒子数の関数である．しかしここでは，体積(V)や粒子数(N)を定数とみなしたうえでエネルギーで微分するとして，

$$\left(\frac{\partial \sigma}{\partial E}\right)_{V,N} \equiv \frac{1}{\tau} \tag{1}$$

▶4.8節のように

$\frac{\partial \sigma}{\partial E} > 0$ とすれば $\tau > 0$

$\frac{\partial^2 \sigma}{\partial E^2} < 0$ とすれば $\frac{\partial \tau}{\partial E} > 0$

つまり温度はエネルギーの増加関数．しかし上の仮定が破れれば負の温度もありえる（章末問題7.7参照）．

と書く．この τ を使って熱平衡の条件式(4.8.3)を書けば

$$\tau_1 = \tau_2 \tag{2}$$

となる．つまり2つの系が熱平衡であるということは，τ が等しいことに他ならない．

これはまさに，温度という量が持つべき性質である．2つの系が熱平衡にあることを示すパラメータが温度だからである．単原子分子の理想気体の場合にはすでに1.3節で温度 T を定義したが，これは τ に比例している．実際，(4.7.2)を使って計算すると

$$\tau = \left(\frac{\partial \log \rho}{\partial E}\right)^{-1} = \frac{2}{3}\frac{E}{N} \tag{3}$$

となるから，(1.3.1)と比較すれば

$$\tau = kT \tag{4}$$

という関係が導かれる．ここで τ は，単原子分子の理想気体に限らず，ρ（あるいは σ）が計算できれば求まる量である．そこでこの式により，一般

の系に対する温度 T を定義することにする．この定義と(2)により，2つの系が熱平衡であるための条件は，温度が等しいことであることがわかる．

▶3つ以上の系が接触しているときも，同様の議論を使って，すべての温度が等しいことを導ける．

■エントロピーの定義

(1)を，微小変化量で書きなおすと

$$\Delta E = \tau \Delta \sigma \qquad (\text{ただし，} \Delta V = \Delta N = 0) \tag{5}$$

となる．体積も粒子数も変化しないときのエネルギーの変化は，まさに熱の移動に他ならない．だからこの式は，$\Delta'Q$ に他ならない．また単原子分子の理想気体の場合，熱の移動 $\Delta'Q$ は，エントロピー S という量を導入し，

$$\Delta'Q = T\Delta S \tag{6}$$

と表わせることを2.4節で説明した．そこではエントロピーという量は，単にこの関係式を満たす量として定義されていた．

そこで，(5)と(6)を比較してみよう．τ と T が比例しているのなら，当然 σ と S も比例しているはずである．そして(4)を考えれば，

$$S = k\sigma \tag{7}$$

となる．

σ という量は，状態数 ρ さえ求まれば，単原子分子の理想気体に限らず一般の系でも計算できる量である．そこで(7)を統計力学での一般の系に対する**エントロピー S の定義**とする．

[例] 単原子分子の理想気体のエントロピー

(7)のエントロピーの定義が，単原子分子の理想気体の場合，(2.5.5)と一致していることを確かめておこう．実際，(3)と(4)より

$$\frac{E}{N} = \frac{3}{2}kT \tag{8}$$

であることがわかったのだから，これを(4.7.2′)に代入すれば

$$S = kN\left\{\log\left(\frac{V}{N}T^{3/2}\right) + \log\left(\frac{kM}{2\pi\hbar^2}\right)^{3/2} + \frac{5}{2}\right\} \tag{9}$$

▶エントロピーの実験値は，
$S(T_0) = \int \frac{\Delta'Q}{T} = \int_0^{T_0} \frac{1}{T}\frac{\Delta'Q}{\Delta T}dT$
という積分で求める．ただし右辺の $\Delta'Q/\Delta T$ は，温度を上げたときの熱の吸収率だから，熱容量の実験値を代入すればよい．また，絶対零度でのエントロピーはゼロであることを使っている（6.1節参照）．

となる．これは(2.5.5)と一致しているばかりでなく，未定だった定数 c まで決まったことになる．(9)は**サックール・テトロードの公式**と呼ばれ，実験でも確かめられている式である．たとえば単原子分子であるネオンでは，温度27.2 K（気体になる温度），1モル当たり1気圧で（章末問題4.7参照）

$$\text{理論値} = 96.4 \text{ J/K}, \quad \text{実験値} \simeq 96.4 \text{ J/K}$$

と，誤差の範囲でみごとに符合する．

4.10 エントロピー非減少の法則(熱力学第2法則)

> **ぽいんと**
>
> 熱は，温度の高いほうから低いほうへ移動するが，その逆はないということを，我々は経験的に知っている．このような不可逆過程では，全エントロピーが必ず増加していることを2.6節で説明した(熱力学第2法則)．しかし，なぜエントロピーは減少しないのか，その理由は第2章ではわからなかった．前節では状態数の対数として，統計力学的なエントロピーの定義をした．そして，この定義を使えば，なぜ熱力学第2法則が成り立つのか，その理由を自然に理解することができる．

■エネルギーの流れる方向

2つの系が熱的に接触しているときは，双方の温度が一致するように全エネルギーが分配される状態数が圧倒的に多いことを示した．したがって，等重率の原理を考えると，そのように全エネルギーが分配される確率が圧倒的に大きいことになる．

もし2つの系に接触前には温度差があったとすると，接触後は温度が等しくなるように，つまり高温側から低温側へエネルギーが流れる確率が圧倒的に大きいということである．そのほうが，状態数が大きい分配になるからであり，別の言い方をすれば「エントロピーが増える」からである．

▶エネルギーが増加すれば温度も増えるから，高温側の温度を下げ，低温側の温度を上げるには，高温側から低温側へエネルギーが移らなければならない．

このときエネルギーの伝達は，直接の，あるいは膜があればそれを通して間接の粒子の衝突により起こるだろう．だから，接触面積や，膜の性質によりエネルギーの伝達速度は変わる．しかし，等重率の原理が成り立つ限り，最終的にはエントロピー最大の状態に達する．この状態が「熱平衡」である．

■熱力学の第2法則(エントロピー非減少の法則)

以上の話をさらに一般化して考えてみよう．まずいくつかの系が，それぞれ孤立して熱平衡の状態にあったとする．次に，それらの系を互いに何らかの形で接触させる．今までの状態が，新しい状況におけるエントロピー最大の状態であるとは限らない．最大ではない場合は，その系全体は何らかの変化を開始し，エントロピー最大の状態，つまり新しい熱平衡の状態に向かうことになる．そのほうが状態数が圧倒的に多いので，等重率の原理によれば確率も圧倒的に大きいからである．

これが2.6節で経験則として説明した，「熱力学の第2法則」あるいは「エントロピー非減少の法則」の統計力学的説明である．その根本は等重率の原理であることに注意しよう．

[例] エントロピーの変化

例題 温度の異なる気体を接触させたとき，エントロピーがどのくらい増加するかを計算してみよう．気体は単原子分子の理想気体だとする．接触以前の温度（絶対温度）が左側は 350 K，右側は 250 K だったとし，粒子数は

$$N_1 = N_2 = 10^{22}$$

とする．接触し熱平衡になったときの温度，それまでに移動したエネルギー（熱）の量，左右それぞれのエントロピーの増減，接触前後の状態数の比を求めよ．

[解法] 粒子数が等しければ，エネルギーは左右等しく分割される．そして理想気体の場合，エネルギーは絶対温度に比例しているから，熱平衡になったときの左右の温度は 300 K である．

熱の移動は，

▶ $k = 1.38 \times 10^{-23}$ J·K^{-1}
（ボルツマン定数）

$$\Delta' Q = \Delta U = \frac{3}{2} Nk \Delta T = \frac{3}{2} \times 10^{22} \times k(350 - 300) = 1.035 \times 10 \text{ J}$$

である．また，単原子分子の理想気体のエントロピーは

$$S = \frac{3}{2} kN \log T + (T \text{に依らない数})$$

であるから，左側のエントロピーの「減少」量 ΔS_L は

$$\Delta\left(\frac{S_L}{k}\right) = \frac{3}{2} \times 10^{22} \times (\log 350 - \log 300) = 2.31 \times 10^{21}$$

また，右側のエントロピーの「増加」量 ΔS_R は

$$\Delta\left(\frac{S_R}{k}\right) = \frac{3}{2} \times 10^{22} \times (\log 300 - \log 250) = 2.73 \times 10^{21}$$

である．したがって，全体のエントロピーの変化は

$$\Delta\left(\frac{S}{k}\right) \left(= \Delta(\log \rho) = \log \frac{\rho(\text{接触後})}{\rho(\text{接触前})}\right) = 0.42 \times 10^{21}$$

となる．全体として，エントロピーは増加している．これは状態数が

$$\frac{\rho(\text{接触後})}{\rho(\text{接触前})} = e^{0.42 \times 10^{21}} = 10^{1.82 \times 10^{20}}$$

だけ変化したことを意味する．

注意 エネルギーは保存しているので，左から出ていった熱と右側に入った熱は等しい．しかし，エントロピーの変化は等しくない．それは，左右で温度が違うからである．熱の移動とエントロピーの変化は

$$\Delta' Q = T \Delta S$$

の関係があるので，温度 T が大きければ ΔS は小さくなる．これが $\Delta S_R > \Delta S_L$ となった理由である．

章末問題

[4.3節]

4.1 最初から等重率の原理が成り立っているとすると，各状態の実現確率は不変であることを，(4.3.2)から一般的に証明せよ．

4.2 A, B という2つだけの状態があったとする．各状態の実現確率を $P(A), P(B)$ と書く．微小時間 Δt に，A から B，あるいは B から A に変わる確率が，$\lambda \Delta t$ であったとすると，

$$\Delta P(A) = -(\lambda \Delta t)P(A) + (\lambda \Delta t)P(B)$$
$$\Rightarrow \frac{dP(A)}{dt} = -\lambda P(A) + \lambda P(B)$$

という式が成り立つ．これについて，次のことを証明せよ．

(1) 上と同様に，$P(B)$ に対する微分方程式を導け．

(2) $P(A) + P(B) = $ 一定（確率の保存）

(3) $P(A) + P(B) = 1$ として，上の式から $P(B)$ を消去し，$P(A)$ を求めよ．（$x \equiv P(A) - 1/2$ のように変数変換して計算すればよい．）

(4) 時間が十分経過すれば，必ず $P(A)$ も $P(B)$ も $1/2$ に近づくことを証明せよ．

[4.4節]

4.3 4.4節の例で，$E = 3$ のときに状態数を具体的に数え，(4.4.1)が成り立っていることを示せ．

[4.6節]

4.4 1つの粒子の n が1だけ増したときの，エネルギーの増加分 $\Delta \varepsilon$ は（$n \gg 1$ ならば）$2an$ である．n の大きさを，1粒子当たりの平均エネルギー ε を使って $\varepsilon = 3kT/2 = 3an^2$ として見積もり，$\Delta \varepsilon / \varepsilon$ がどの程度の大きさかをネオンの原子の場合に評価せよ．ただし $T = 273\,\mathrm{K}$，$L = 1\,\mathrm{m}$，ネオンの原子量 $= 20.2$ とせよ．

4.5 1粒子当たりの平均エネルギー $3kT/2$ 以下の，粒子が取りうる状態数と，アボガドロ数とを比較せよ（T, L，原子量はすべて問題4.4と同じだとする）．

[4.7節]

4.6 (4.7.1)より(4.7.2)を求めよ．

[4.9節]

4.7 ネオンガスの，1モル当たり1気圧，$27.2\,\mathrm{K}$ でのエントロピーを計算し，本文中の数値を確かめよ．

[4.10節]

4.8 理想気体1モルを自由断熱膨張させて体積を2倍にすると，エントロピーはどう変化するか．状態数は何倍になるか．その結果と，第3章で行なった確率計算との関係を述べよ．

5

平衡状態を決める条件

ききどころ

　前章では等重率の原理から出発し，粒子数が膨大なときに，どのようにして系の振舞いが決まるのかということを説明した．そして，複数の系が接触しているときの熱平衡の条件を，状態数(あるいは，その対数に比例するエントロピー)というものを使って導いた．この章では，その条件を具体的な問題にあてはめるときに必要ないくつかの手法を学ぶ．特に，条件が決まっているとき(たとえば温度と体積，あるいは温度と圧力など)，その系の状態の求め方を説明する．また，粒子の出入りもある状況で必要となる，化学ポテンシャルという概念を学ぶ．

　一般に，平衡状態は力学的効果(エネルギー効果)と統計的効果(エントロピー効果)のバランスで決まるということが，重要である．

5.1 自由エネルギー

> **ぽいんと**
>
> 温度が決まっているとき，その系がどのような状態になるかという，統計力学の典型的な問題の取り扱い方を考える．体積は一定に保たれているか，粒子の出入りはあるのかなど，条件により多少は異なるが，考え方は共通である．
>
> まず，この節では，体積も粒子数も一定に保たれている場合から話を始めよう．
>
> キーワード：(ヘルムホルツの)自由エネルギー，エネルギー効果，エントロピー効果

■熱 浴

系の温度がある値 T に保たれているという状況を考えるときは，通常，「熱浴」というものを導入する(2.1節参照)．熱浴は，問題としている系と熱的に接触しておりエネルギーの出入りはあるが，問題の系よりはるかに大きいので，エネルギーの出入りがあったとしてもその温度が変わらないようなもののことである．熱平衡の条件より，熱的に接触している系の温度は熱浴の温度と等しくなければならないので，問題とする系の温度は，常に熱浴の温度 T に保たれることになる．

これは結局，2つの系の熱平衡の問題になるので，前章で導いた，温度が等しいという条件式が使える．具体的に書くと，問題とする系のエネルギーを E，エントロピーを S とすれば

$$\frac{1}{T} = \frac{dS}{dE} \tag{1}$$

となる．右辺は，問題とする系の温度の定義式であり，左辺の T は熱浴の温度，つまり決められている温度である．つまり，(1)は問題とする系の温度が，熱浴の温度 T に等しいという熱平衡の条件である．この条件から，問題とする系の未知のパラメータ(たとえばエネルギー)を決めることができる．

■状 態 数

結果的には(1)と同じになるのだが，少し違った見方から，この問題を考えてみよう．まず，この系が E というエネルギーをもつ確率は，等重率の原理により，問題とする系の状態数 ρ と熱浴の状態数 ρ_B の積として，

▶ 熱浴 = heat bath，添字 B は bath の頭文字．

$$P(E) \propto \rho_B(E_0 - E)\rho(E) \tag{2}$$

と書ける((4.8.1)参照)．ただし E_0 は，熱浴まで含めた全エネルギーである．また，添字 B が付いている量はすべて，熱浴に関するものである．

▶ $S_B = k \log \rho_B$
S_B, ρ_B も変数は $(E_0 - E)$ である．

熱浴は，問題にしている系よりはるかに大きいと仮定しているので，$E_0 \gg E$ である．そこで $S_B(E_0 - E)$ を $E = 0$ のまわりで展開してみよう．

$$S_B(E_0-E) = S_B(E_0) + \frac{dS_B}{dE_0}(-E) + \frac{1}{2}\frac{d^2S_B}{dE_0^2}(-E)^2 + \cdots$$

4.8節(4.8.2)でも議論したように,
$$S_B(E_0) \propto N_B \log E_0$$
だとすれば,
$$\frac{dS_B}{dE_0}E \propto \frac{N_B}{E_0}E, \quad \frac{d^2S_B}{dE_0^2}E^2 \propto \frac{N_B}{E_0}\cdot\frac{E}{E_0}E$$

▶ $\rho_B = e^{\frac{1}{k}S_B(E_0-E)}$
$\simeq \exp\dfrac{1}{k}$
$\times\left\{S_B(E_0)+\dfrac{dS_B}{dE_0}(-E)\right\}$
$= \exp\left(\dfrac{S_B(E_0)}{k}-\dfrac{E}{kT}\right)$
$\left(\because \dfrac{dS_B}{dE_0}=\dfrac{1}{T}: \text{熱浴の温度}\right)$

であるから, $E_0 \gg E$ のときは2次微分以下は1次微分の項に比べて無視できる. さらに温度の定義 $(1/T=dS/dE)$ を使えば, $S_B=k\log\rho_B$ より,
$$\rho_B \simeq e^{S_B(E_0)/k}\cdot e^{-E/kT} \Rightarrow P(E) \propto \rho(E)e^{-E/kT} \quad (3)$$
という式が求まる(最後の式は(2)を使った).

　この式は物理的にきわめて重要な式である. まず, 指数関数の部分は, 問題とする系のエネルギーは小さいほうが確率は高いということを意味している. つまり系はできるだけエネルギーを熱浴に放出し, 自分自身は低エネルギー状態に落ち着こうとする. ところが状態数 ρ は, 一般にエネルギー E の増加関数である. つまり系はエネルギーを吸収したほうが状態数が多くなる(エントロピーが大きくなる)ので, 等重率の原理のことを考えると, そのほうが確率が高くなる. 前者を**エネルギー効果**と呼び, 後者を**エントロピー効果**と呼ぼう. この2つの相反する効果のバランスによって, 系の状態が決まる.

■自由エネルギー

(3)を書き換えれば,
$$\begin{aligned}P(E) &\propto e^{-\mathscr{F}/kT}\\ \mathscr{F} &\equiv E-TS \quad (S\equiv k\log\rho)\end{aligned} \quad (4)$$
となる. そして $P(E)$ が最大になるのは, $\mathscr{F}$ が最小になるときである. 4.8節でも示したように, $P(E)$ が最大になるところに可能な状態のほとんどが集中しているので, $P(E)$ を最大にする, つまり $\mathscr{F}$ を最小にする E の値が, 実際のその系のエネルギーだと思って差し支えない.

　もちろん, この条件は(1)と異なったものではない. 実際,
$$\frac{d\mathscr{F}}{dE}=0 \Rightarrow 1-T\frac{dS}{dE}=0 \quad (5)$$

▶ 系を表わすパラメータとして, E に関係はしているが, それ以外のものが使われているときも多い. そのときでも, 「$\mathscr{F}$ が最小」ということが条件であることには変わりはない.

▶ ヘルムホルツ Helmholtz (1821-1894), ドイツの生理学者, 物理学者.

となる. これは(1)に他ならない. しかし, (1)は極値を求めるだけで最大か最小かは指定していない. $\mathscr{F}$ を使って計算すれば, 「最小」であることを確認することができる.

　$\mathscr{F}$ の最小値を(ヘルムホルツの)**自由エネルギー**と呼び, F と表わす. ただし, $\mathscr{F}$ のことを(ヘルムホルツの)自由エネルギーと呼ぶこともある. それに従えば, F は「平衡状態での自由エネルギー」と言うことができる.

5.2 重力と理想気体

ぽいんと

温度が決まっているときの物質の状態は、$\mathcal{F}$ が最小という条件で決まることがわかった。理想気体を使った簡単な具体例で、この条件がどのように役立つのかを説明する。

まず、気体（理想気体だとする）を管でつながった上下2つの容器に入れる。重力を考えれば、気体の分子は下の容器に集まろうとする。しかし気体の分子は動いているので、逆に容器全体に散らばろうともする。この2つの効果のバランスにより、どのような状態が実現するかというのが問題である。この計算により、大気の圧力の高度依存性を理解することもできる。

■重力の効果を入れた自由エネルギー

管でつながった容器に理想気体が入っているとする。図1のように、それぞれの容器の体積を V_1, V_2 とし、その地表からの高度を x_1 および x_2 とする。また、上下の容器中の粒子数を N_1, N_2 とする。管でつながっているので粒子数は変化するが、その和は一定である。

$$N_1 + N_2 \equiv N \text{（一定）}$$

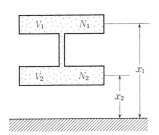

図1 管でつながった2つの容器

上下の容器の温度が等しい値に保たれているとき、粒子数 N_1 と N_2 がどうなるかを考える。温度も体積も決まっているのだから、状態を決める条件は前節のヘルムホルツの自由エネルギー $\mathcal{F}$ を最小にするということになる。

粒子の質量を M、重力加速度を g とすれば、粒子の重力ポテンシャルを含むこの気体のエネルギーは、

$$E = Mgx_1 N_1 + Mgx_2 N_2 + U(T) \tag{1}$$

▶ 前節の E は、熱浴から奪われたエネルギー全部だから、内部エネルギーに気体の重力ポテンシャルを加えておかなければならない。

である。$U(T)$ は全内部エネルギー（ただし温度が決まっていれば、粒子の位置に関係なく U は決まってしまうので、$\mathcal{F}$ が最小という式には U は寄与しない）。また、この理想気体のエントロピーは、各部分のエントロピーの和として

$$S = S_1 + S_2 = S_1(V_1, T, N_1) + S_2(V_2, T, N_2)$$

と書ける（章末問題5.6参照）。したがって、$\mathcal{F}(=E-TS)$ が最小になるという条件は、エネルギーの代わりに N_1 を独立変数だと考えて、

▶ $N_2 = N - N_1$ だから
$$\frac{d\mathcal{F}}{dN_1} = -\frac{d\mathcal{F}}{dN_2}$$

$$\frac{d\mathcal{F}}{dN_1} = (Mgx_1 - Mgx_2) - T\left(\frac{dS_1}{dN_1} - \frac{dS_2}{dN_2}\right) = 0 \tag{2}$$

という式になる。

■密度差と圧力差

単原子分子の理想気体のエントロピーは

> 第8章で，単原子分子でなくても理想気体ならこの形になることを示す．

$$S = kN \log \frac{V}{N} + kNs(T) \tag{3}$$

という式で書ける（(4.9.9)参照）．s は温度のみの関数である．これより

$$\frac{dS}{dN} = k \log \frac{V}{N} + k(s-1)$$

となる．これを(2)に代入すると

$$Mgx_1 - Mgx_2 - kT\left(\log\frac{V_1}{N_1} - \log\frac{V_2}{N_2}\right) = 0$$

変形すれば

$$e^{Mgx_1/kT}/e^{Mgx_2/kT} = \left(\frac{V_1}{N_1}\right)\bigg/\left(\frac{V_2}{N_2}\right) \tag{4}$$
$$= n_2/n_1 = P_2/P_1$$

> 統計力学に基づく状態方程式の証明は，次節参照．

となる．ただし $n_i(=N_i/V_i)$ は粒子の密度，P_i は圧力で，最後に理想気体の状態方程式を使った．この式は，高度 x が上がると密度や圧力が，

$$n \propto P \propto e^{-Mgx/kT} \tag{5}$$

のように，指数関数的に減少するということを示している．この関係は，実際に地球の大気でよく成り立っている．また，この式は粒子の質量が異なると，減少の割合がどのように変わるかということも表わしている．

> この式は，純粋に力学的な考察からも導ける（章末問題5.2参照）．また，ここで使った等温という仮定は 10 km 以下の低空（対流圏）では成り立たず，むしろ断熱的な変化をする．そのときの計算は章末問題5.3参照．

■エネルギー効果とエントロピー効果

この例は，エネルギー効果とエントロピー効果のバランスで結果が決まるという，統計力学の典型的な問題である．気体の粒子 1 つ 1 つは，重力により下に引かれている．だから，自分のもつエネルギーを放出できるなら，すべての粒子は下の容器に貯まってしまうだろう．下のほうがポテンシャルエネルギーが低いので，安定だからである．これがエネルギー効果である．つまり，「気体の各状態」は，そのエネルギー E が小さいほうが実現確率が大きい．その程度を表わすのが，前節(2)の

$$e^{-E/kT}$$

という因子である．しかし「気体があるエネルギーをもつ確率」は，これだけでは決まらない．もし，あるエネルギー E をもつ状態数が非常に多ければ，各状態の確率は小さくても，そのエネルギーをもつ確率は大きくなる．上の問題で言えば，粒子が全部下にきてしまうよりも，上にも散らばっていることを許したほうが，可能な状態は増える．したがって粒子は上にも散らばろうとする．

> (4)より
> $$N \propto Ve^{-Mgx/kT}$$
> 指数関数の部分がエネルギー効果で，V がエントロピー効果．体積が増すと可能な状態数が増すので N が大きくなる．

これは，状態数が多い，つまり，その対数であるエントロピーが大きいことによる効果なので，エントロピー効果と呼ぶことができる．そして以上の 2 つの効果がバランスした状態が，実際に実現することになる．その条件が，「$\mathscr{F}$ が最小」ということに他ならない．

5.3 圧力が一定の場合の平衡条件

> **ぽいんと**
>
> 温度も体積も，そして全粒子数も一定という状況のもとで平衡状態を決めるのが，「ヘルムホルツの自由エネルギーが最小」という条件であった．こんどは，体積は変化するが圧力が決まっているという状況での平衡状態を決める条件を考えてみよう．「ギップスの自由エネルギーというものが最小」という条件で平衡状態が決まることがわかる．
>
> キーワード：熱的接触，力学的接触，ギップスの自由エネルギー

■体積が変化するときの平衡条件

2つの系が熱的に接触しているときの平衡の条件は，温度が等しいことであると前章で説明した．状態数を最大にするということから，この条件が導かれた．

▶力学的接触を，機械的接触ということもある．

熱的接触とは，エネルギーの出入りはあるが，各系の構成，つまり体積や粒子数は変わらない接触である．では，接触面の壁が自由に移動し，体積が変化しうるときの平衡条件はどうなるだろうか（このような接触を**力学的接触**と呼ぶ）．ただし，熱の出入りも可能であるとする．

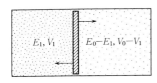

図1 壁の移動

4.8節と同様に，状態数を最大にするという条件を考えてみよう．まず全エネルギーを E_0，全体積を V_0 とし，各系の量を添字1,2を付けて表わす．たとえば，エネルギー E_1，体積 V_1 である系1の状態数を $\rho_1(E_1, V_1)$ と書く（図1）．すると，(E_0, V_0) が，系1と系2に (E_1, V_1)，(E_0-E_1, V_0-V_1) というように分配される状態数は

$$\rho_1(E_1, V_1) \cdot \rho_2(E_0-E_1, V_0-V_1)$$

となる．これが，$(V_1$ を一定にしたときの$)E_1$ の変化に対しても，また $(E_1$ を一定にしたときの$)V_1$ の変化に対しても最大にならなければならない．4.8節でもしたように対数をとって考えると $(S = k \log \rho)$

$$\left.\frac{\partial S_1}{\partial E_1}\right)_{V_1} = \left.\frac{\partial S_2}{\partial E_2}\right)_{V_2}, \quad \left.\frac{\partial S_1}{\partial V_1}\right)_{E_1} = \left.\frac{\partial S_2}{\partial V_2}\right)_{E_2} \tag{1}$$

▶(2.4.7)の統計力学的な厳密な説明は，6.4節参照．

▶$\left.\frac{\partial S}{\partial V}\right)_E = P/T$．これに，(5.2.3)を代入すれば，理想気体の状態方程式が求まる．これが状態方程式の，統計力学による厳密な導出法である．

である．第1式は，温度が等しいというすでに知っている条件に他ならない．また(2.4.7)より，$\varDelta E=0$ のときは（$E=U$ の場合を考える）

$$T\varDelta S - P\varDelta V = 0 \Rightarrow \frac{\varDelta S}{\varDelta V} = \frac{P}{T}$$

であるから，(1)の第2式は

$$\frac{P_1}{T_1} = \frac{P_2}{T_2}$$

となる．温度が等しいとすれば，これは圧力が等しいという条件に他ならない．2つの物体が押し合っているとき，それが静止しているなら力が釣

5 平衡状態を決める条件

り合っているというのは当然のことだが，そのことが統計力学の枠組みの中でも求まったということである．

■ギッブスの自由エネルギー

▶ギッブス Gibbs (1839-1907), アメリカの理論物理学者.

温度，体積，粒子数が一定に保たれているときの系の状態を決める条件が，ヘルムホルツの自由エネルギー $\mathcal{F}$ が最小という条件であることは，5.1節で説明した．では，温度と粒子数は一定だが，体積は，圧力がある値に保たれるように変化する場合には，どのような条件を考えたらいいだろうか．

温度が一定という状況を実現するには，5.1節でしたように，その温度の大きな熱浴を接触させておけばよい．また，圧力が一定という状況は，その熱浴との接触面の壁が自由に動くようになっていればよい．熱浴というものは，問題とする系よりも圧倒的に大きなものだから，多少のエネルギーの移動，体積の変化があっても圧力は一定に保たれる．その結果，熱浴と平衡状態にある問題とする系の圧力も，その値に保たれることになる．

このような状況で，(5.1.2)に対応する式を考えてみよう．熱浴に関する量は添字 B を付け，問題とする系の量は添字なしで表わす．すると，問題とする系のエネルギーが E，体積が V となる確率は

$$P(E, V) \propto \rho_B(E_0-E, V_0-V) \cdot \rho(E, V)$$

となる．ここで，$E_0 \gg E$, $V_0 \gg V$ であることを考え，$S_B = k \log \rho_B$ を展開し

▶この S_B のように 2 変数 (E と V) の関数のテーラー展開は，1 次の項については，それぞれの変数について展開すればよい．

$$S_B(E_0-E, V_0-V) \simeq S_B(E_0, V_0) + \frac{\partial S_B}{\partial E_0}\bigg)_V (-E) + \frac{\partial S_B}{\partial V_0}\bigg)_E (-V) \quad (2)$$

(5.1.3)の場合と同じで，この展開においても 2 次以上の項は無視できる．ここで

$$\frac{\partial S_B}{\partial E_0}\bigg)_V = \frac{1}{T}, \quad \frac{\partial S_B}{\partial V_0}\bigg)_E = \frac{P}{T} \quad (3)$$

を使うと，状態数 ρ の対数は，問題とする系のエントロピー S であるから，

$$P(E, V) \propto \exp(-\mathcal{G}/kT)$$

▶(3)を(2)に代入すると
$$S_B \simeq S_B(E_0, V_0) - \frac{E}{T} - \frac{PV}{T}$$
となる．
$$\begin{aligned}P &\propto \rho_B \cdot \rho = e^{\log \rho_B} \cdot e^{\log \rho}\\ &= e^{\frac{S_B}{k}} \cdot e^{\frac{S}{k}}\\ &= e^{-\frac{1}{kT}(E+PV-TS)}\\ &\quad \times e^{\frac{S_B}{k}(E_0, V_0)}\end{aligned}$$
である．

ただし

$$\mathcal{G} \equiv E + PV - TS \quad (4)$$

である．これが，体積一定の場合の(5.1.4)に対応する式である．$\mathcal{G}$ が最小となるように E と V の値を決めれば，それが平衡状態となるのも，5.1節の $\mathcal{F}$ の場合と同様である．$\mathcal{G}$ の最小値を**ギッブスの自由エネルギー**と呼び，G と書く．また $\mathcal{F}$ と同様，$\mathcal{G}$ のことを(ギッブスの)自由エネルギーと呼ぶこともある．それに従えば，G は「平衡状態での(ギッブスの)自由エネルギー」ということができる．

5.4 化学ポテンシャル

> **ぽいんと**
>
> こんどは粒子が出入りするという状況での平衡条件を考えよう．考え方は今までと基本的に同じだが，化学ポテンシャルという量を導入すると話がわかりやすくなる．熱の出入りに対する平衡の条件が，温度が等しいということであったが，粒子の出入りに対する平衡の条件が，化学ポテンシャルが等しいという式になる．
>
> キーワード：拡散的接触（質量的接触），化学ポテンシャル，全化学ポテンシャル，内部化学ポテンシャル

■拡散的接触

2つの系の間で，粒子が移動できるとする．これを，**拡散的接触**あるいは**質量的接触**と呼ぶ．

▶ 5.2節の例で，上の容器と下の容器を分けて考えれば拡散的接触の例となる．あるいは水と水蒸気の接触，化学反応における反応前後の状態の共存など，拡散的接触の例は多い．

2つの系が熱的接触のみならず拡散的接触もしているとき，粒子はどのように分配されるかを考えてみよう．考え方は今までと同様で，状態数を最大にする分配法を見つければよい．話を簡単にするために，体積は変化しないとしよう．全エネルギー E_0 と，全粒子数 N_0 が，系1と系2に $(E_1, N_1), (E_0 - E_1, N_0 - N_1)$ というように分配されているとすると，その条件を満たす状態数は

▶ 最初は，外力によるポテンシャルエネルギーはないとし，内部エネルギー U と全エネルギー E を区別しなくてよい場合を考える．

$$\rho_1(E_1, N_1) \cdot \rho(E_0 - E_1, N_0 - N_1) \tag{1}$$

である．E_1, N_1 が変化するとき，これが最大となる値を見つけるには，対数をとり，その E_1 に対する微分，N_1 に対する微分それぞれがゼロになるという条件を調べればよい．

E_1 に対する微分がゼロになるという式(4.8.3)は，今まで何度も説明したように，2つの系の温度が等しいという条件になる．一方，N_1 に対する微分がゼロになるという式がここで新しく登場した条件で，$N_2 \equiv N_0 - N_1$ とすれば，

▶ $N_2 = N_0 - N_1$ と
$\dfrac{d}{dN_1}(S_1(E_1, N_1) + S_2(E_2, N_2)) = 0$
より
$\left.\dfrac{\partial S_1}{\partial N_1}\right)_{E_1} = \left.\dfrac{\partial S_2}{\partial N_2}\right)_{E_2}$
が得られる．

$$\left.\frac{\partial S_1}{\partial N_1}\right)_{E_1} = \left.\frac{\partial S_2}{\partial N_2}\right)_{E_2} \tag{2}$$

■化学ポテンシャルと平衡条件

統計力学では，エントロピーをエネルギーで微分した量を，温度の逆数と定義した．同様に，エントロピーを粒子数で微分した量を表わすために，**化学ポテンシャル μ** という量を次のように定義する．

▶ (3)でマイナスを付ける理由は(6)参照．T で割る理由は(7)でわかる．

$$\left.\frac{\partial S}{\partial N}\right)_{E,V} \equiv -\frac{\mu}{T} \tag{3}$$

この化学ポテンシャル μ を使うと，平衡条件(2)は

$$\mu_1 = \mu_2 \tag{4}$$

となる（熱的にも平衡なので，温度は等しいと仮定した）．これが，粒子交

換に対する平衡条件の式となる．

■化学ポテンシャルと粒子の流れ

(3)の定義式を微少量の関係式($\Delta S/\Delta N$)に書き換えれば

$$T\Delta S = -\mu \Delta N \quad (\text{ただし，} \Delta E = \Delta V = 0) \tag{5}$$

である．この式の意味を考えておこう．もし化学ポテンシャルの異なる2つの系が接触していたとすると，平衡条件(4)を満たしていないから粒子の移動が起こる．すべての変化の方向は，エントロピー増大の方向でなければならない．全エントロピーの変化は

$$\Delta S = \Delta S_1 + \Delta S_2 = -\frac{1}{T}(\mu_1 - \mu_2)\Delta N_1 \tag{6}$$

であるから，$\Delta S>0$ より $\mu_1>\mu_2$ のときは，$\Delta N_1<0$，つまり粒子は，化学ポテンシャルが大きいほうから小さいほうへと移動する．エネルギーは，温度が高いほうから低いほうへと移動するのと類似の現象である．

■化学ポテンシャルと力学的ポテンシャル

実は今までの議論では，粒子が移動しても全エネルギーは変化しないということが仮定されていた．しかし外部からの力によるエネルギー(つまり粒子に対する力学的なポテンシャルエネルギー)がある場合には，粒子の移動により全エネルギーが変化してしまうので，(1)を変える必要がある．

▶ 5.2節の例のように，粒子が移動すると重力ポテンシャルが変わる場合に相当する．

▶ e＝external(外部)，つまり μ_e は外部からの力によるポテンシャルエネルギーという意味．

粒子が系1にあるときのポテンシャルエネルギーが，粒子1個当たり μ_{e1}，系2の場合は μ_{e2} と書けるとしよう．そして，ポテンシャルエネルギー以外のエネルギー(内部エネルギー)を U と書く．すると，状態数というのは，全エネルギーではなく内部エネルギーの関数だから，(1)は

$$\rho_1(U_1 = E_1 - N_1\mu_{e1}, N_1) \cdot \rho_2(U_2 = E_2 - N_2\mu_{e2}, N_2)$$
$$\text{ただし，} E_2 = E_0 - E_1, \quad N_2 = N_0 - N_1$$

となる．平衡条件として，この式の対数が，E_1 および N_1 で微分したとき，それぞれゼロになるという式を考える．E_1 と U_1 は定数だけずれているだけだから，E_1 の代わりに U_1 で微分しても変わりはない．つまり温度が等しいという条件には影響はない．しかし N_1 で微分するときは，U も N の関数なので，平衡条件は

$$\left.\frac{\partial S_1}{\partial N_1}\right)_{E_1} + \left.\frac{\partial S_1}{\partial U_1}\right)_{N_1} \cdot \left.\frac{\partial U_1}{\partial N_1}\right)_{E_1} = \left.\frac{\partial S_2}{\partial N_2}\right)_{E_2} + \left.\frac{\partial S_2}{\partial U_2}\right)_{N_2} \cdot \left.\frac{\partial U_2}{\partial N_2}\right)_{E_2}$$

となる．化学ポテンシャルをやはり(3)で定義するとすれば，この式は

$$\mu_1 + \mu_{e1} = \mu_2 + \mu_{e2} \tag{7}$$

▶ $\frac{\partial S}{\partial U} = \frac{1}{T}$，$\frac{\partial U}{\partial N} = \mu_e$ より(7)が求まる．

▶ (7)も，力学的効果(μ_e)とエントロピー的効果(μ)の双方が働くことを示す式である．この考えに基づいた5.2節の例の考察は，章末問題参照．

となる．つまり平衡条件は，化学ポテンシャルと，通常の力学的なポテンシャルの和が等しいということになる．この和を**全化学ポテンシャル**と呼ぶ．また(3)の μ を特に**内部化学ポテンシャル**と呼ぶこともある．

5.5 熱力学的な諸関係

ぽいんと

この章では，自由エネルギーとか化学ポテンシャルなど，新しい量をいくつか導入してきた．これらの量に関する諸関係をまとめておこう．

キーワード：示量変数，示強変数，エンタルピー

■化学ポテンシャル

まず，化学ポテンシャルについて調べておこう．前節(5)と，従来まで知られていた，粒子数不変のときのエネルギーの関係式

$$\Delta U = T\Delta S - P\Delta V \quad (\Delta N = 0 \text{ のとき})$$

を付け加えると，

$$\Delta U = T\Delta S - P\Delta V + \mu \Delta N \tag{1}$$

▶前節(5)では $E = U$ の場合を考えていた．

となる．これからわかるように，化学ポテンシャルとは，エントロピーも体積も変えずに粒子を1つ増したときの，エネルギーの増加量だとも考えられる．ただし，左辺が内部エネルギー U のときは右辺の μ は（内部）化学ポテンシャルであるが，外力を含めたエネルギー E であれば，μ は全化学ポテンシャルでなければならない．

$$\Delta E = \Delta U + \mu_e \Delta N$$
$$= T\Delta S - P\Delta V + (\mu + \mu_e)\Delta N \tag{2}$$

■ヘルムホルツの自由エネルギー

（平衡状態における）ヘルムホルツの自由エネルギーとは，(5.1.4)で定義した $\mathcal{F}$ に，平衡条件(5.1.5)で決まるエネルギーの値を代入したものである．エネルギーとの関係は

$$F = U - TS \tag{3}$$

である．（自由エネルギーの場合も，外力によるポテンシャルを含める場合と含めない場合がありうるが，ここでは含めない場合を説明する．）

F の微小変化を表わす式を求めておこう．まず一般的な，積の微小変化に対する公式

$$\Delta(AB) \equiv (A+\Delta A)(B+\Delta B) - AB \simeq A\Delta B + B\Delta A$$

を使えば，(3)より

$$\Delta F = \Delta(U - TS) = \Delta U - (T\Delta S + S\Delta T)$$

なので，(1)と組み合わせ，

$$\Delta F = -S\Delta T - P\Delta V + \mu \Delta N \tag{4}$$

という，F に関する基本的な関係式が求まる．これより，

$$\left.\frac{\partial F}{\partial T}\right)_{V,N} = -S, \quad \left.\frac{\partial F}{\partial V}\right)_{T,N} = -P, \quad \left.\frac{\partial F}{\partial N}\right)_{T,V} = \mu \tag{5}$$

などという関係式も，偏微分の意味がわかればすぐ求まる．これらを見れば，F を表わすのに自然な変数は，T, V, N であることがわかるが，この関係式を使って別の変数で置き換えることもできる．

■ギップスの自由エネルギー

（平衡状態における）ギップスの自由エネルギーとは，(5.3.4) の $\mathcal{G}$ に，平衡条件で決まる E と V を代入したものである．U や F との関係は

$$G = F + PV = U - TS + PV$$

である．したがって，微小変化は

$$\Delta G = -S\Delta T + V\Delta P + \mu\Delta N \tag{6}$$

となるから，偏微分による関係式は

$$\left.\frac{\partial G}{\partial T}\right)_{P,N} = -S, \quad \left.\frac{\partial G}{\partial P}\right)_{T,N} = V, \quad \left.\frac{\partial G}{\partial N}\right)_{T,P} = \mu \tag{7}$$

である．これより，G を表わすときの自然な変数は，T と P と N であることがわかる．

▶ さらに，エンタルピー $H(\equiv U+PV)$ という量を考えることもある．
$\Delta H = T\Delta S + V\Delta P$
$\left.\frac{\partial H}{\partial S}\right)_P = T, \quad \left.\frac{\partial H}{\partial P}\right)_S = V$

G と化学ポテンシャルとの間には重要な関係がある．まず，示量変数と示強変数ということを思い出そう（2.5節）．同じ系を n 個もってきて並べたとき，n 倍になる量が示量変数であり，変化しない量が示強変数であった．今まで導入してきた量はすべてどちらかに属している．

▶ 統計力学的に定義されたエントロピーが示量変数であることは章末問題参照．

示強変数　T, P, μ　　**示量変数**　S, V, N, U（または E）

示強変数と示量変数の積は示量変数であるから，F も G も示量変数であることがわかる．熱力学的諸量は，常に示量変数と示強変数が組になって現われる．たとえば

$$(T, S), \quad (P, V), \quad (\mu, N)$$

ところで，ギップスの自由エネルギー G を，T と P と N で表わしたとしよう．T と P を一定にしたまま N を n 倍にしたとき，G も n 倍になるのだから，N と G は比例する．その比例係数を g とすれば

▶ G を表わす T と P と N のうち，示量変数は N だけであることが重要．

$$G(T, P, N) \equiv Ng(T, P)$$

という形をしていなければならない．この式を使うと

$$\left.\frac{\partial G}{\partial N}\right)_{T,P} = g(T, P)$$

となるが，これを (7) の第3式と比較すれば，g は化学ポテンシャルに他ならないことがわかる．つまり

$$G = N\mu \tag{8}$$

化学ポテンシャルは，1粒子当たりのギップスの自由エネルギーなのである．

章末問題

[5.2節]

5.1 $T=300\,\mathrm{K}$ とすると，地上から $1\,\mathrm{km}$ 登るたびに圧力は何 % ずつ減るか．ただし空気の分子の質量を $4.65\times10^{-26}\,\mathrm{kg}$ とする．

5.2 厳密性は欠くが，(5.2.5)は純粋に力学的にも導ける．まず，高度 x の所に水平に置いた，底面積 S，高さ Δx の薄い柱を考え，その中の粒子の密度を n とする．すると，柱の内部の気体全体に働く力の釣り合いは

$$P(x+\Delta x)\cdot S + Mg\cdot(nS\Delta x) = P(x)\cdot S$$

となる(図1)．$\Delta x \to 0$ の極限を考えて，これを微分方程式にし，状態方程式と温度一定という条件を使って，(5.2.5)を導け．

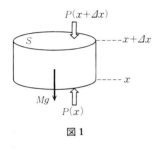

図1

5.3 地上に近い対流圏では，空気の対流が起こり，しかも空気は熱を伝えにくいため，温度が一定というよりは，断熱膨張的な振舞いをする．上の式をその条件の下で使い，温度の高度依存性を求めよ．

[5.4節]

5.4 単原子分子の理想気体の化学ポテンシャル μ を，温度 T と粒子密度 $n\,(=N/V)$ で表わすと，

$$\mu = kT\log n/n_Q \quad \left(\text{ただし，}n_Q(\text{量子濃度と呼ばれる})\equiv\left(\frac{kTM}{2\pi\hbar^2}\right)^{3/2}\right)$$

となることを示せ．標準状態で μ は正か負か(n と n_Q を比較せよ)．粒子密度を増したときはどうなるか．また温度を上げると化学ポテンシャルはどうなるか．

5.5 5.2節の問題を，上下の容器の全化学ポテンシャルが釣り合うという条件を使って解け．

[5.5節]

5.6 2つの系が熱平衡にあるとき，全体のエントロピーが，各系のエントロピーの和であることを，4.8節の議論を参考にして示せ．

5.7 次の式(ギブス・ヘルムホルツの式)を導け($H=G+TS$ は，エンタルピー)．

$$\frac{\partial}{\partial T}\left(\frac{G}{T}\right)_P = -\frac{H}{T^2}$$

5.8 マクスウェルの関係式(2.4.3)を使って，以下の式を導け．

$$\left.\frac{\partial S}{\partial V}\right)_T = \left.\frac{\partial P}{\partial T}\right)_V, \quad \left.\frac{\partial S}{\partial P}\right)_T = -\left.\frac{\partial V}{\partial T}\right)_P$$

5.9 エネルギー方程式(章末問題2.5)を，(1.5.4)，$\Delta U = T\Delta S - P\Delta V$ および問題5.8の式を使って導け．

ボルツマン分布と分配関数

ききどころ

 ある系が，温度 T のさらに大きい系（熱浴）と熱平衡にあるとき，エネルギー E のある特定の状態になる確率は $\exp(-E/kT)$ に比例する（5.1節）．これがボルツマン因子である．第5章では，実現確率が最大になるエネルギーや体積を求めるためにこれを利用した．しかし，ボルツマン因子を使えば各状態の実現確率がすべてわかるのだから，確率が最大となる位置（最頻値）ばかりでなく，確率の分布に関係する個々の詳しい情報が求められるはずである．たとえば理想気体中の分子の速度分布など，単なる最頻値以上のことがわかる．

 また，これによって，確率が最大ということを使って熱力学的諸量を求める以外に，すべての可能な状態を取り入れてその平均値を計算し，熱力学的諸量を求めることも可能になる．結果はもちろん一致するが，この方法は状態数の分布を直接計算できない場合に役に立つ．統計力学での1つの基本的処方である，この「分配関数の方法」を学ぶ．

6.1 ボルツマン分布と分配関数

ぽいんと

5.1節で導いたボルツマン因子を使えば，温度が決まっているときの各状態の実現確率が求まる．その確率の分布をボルツマン分布と呼ぶ．また，この式に現われる比例係数の逆数を分配関数と呼ぶ．この分配関数を使えば，系のエネルギーの平均値，自由エネルギー，エントロピーなど，さまざまな量が計算できる．これは，統計力学における最も強力な計算手段の1つである．

キーワード：ボルツマン分布，分配関数（状態和）

■ボルツマン分布と分配関数

5.1節で，温度が T に保たれている熱平衡状態の系が，エネルギー E をもつ確率 $P(E)$ は

$$P(E) \propto \rho(E) e^{-E/kT}$$

で与えられることを示した．右辺の最初の因子は，エネルギー E をもつ状態の数（またはその密度）であり，第二の因子は，エネルギーによって各状態の実現確率がどう変化するかを表わす量である．

このことから，エネルギー E のある1つの状態が，熱平衡状態で実現される確率を計算することができる．それは $\exp(-E/kT)$ に比例しており，またその比例係数は，すべての確率を加えたときに1になるように決めればよい．つまり，ある1つの状態（i とし，そのエネルギーを E_i とする）の実現確率 $p(E_i)$ を比例係数を $Z(T)^{-1}$ として

$$p(E_i) = Z^{-1} e^{-E_i/kT} \tag{1}$$

と書けば，

$$\sum_i p(E_i) = 1 \tag{2}$$

であるから，

$$Z(T) = \sum_i e^{-E_i/kT} \tag{3}$$

となる．この Z を**分配関数**と呼び，(1)を**ボルツマン分布**と呼ぶ．（同じエネルギーをもつ状態が複数個あれば，(2)あるいは(3)の右辺ではその数だけ加えなければならない．）

▶各状態になる確率が $p(E)$．また，どの状態であるかに関わらず，あるエネルギーになる確率が $P(E)$．したがって $P = \rho p$．

▶Z は状態和（ドイツ語で Zustandssumme）ともいう．分配関数は，英語の partition function から来ている．

■分配関数とエネルギー

前章では，$P(E)$ のピークの位置を求めることにより平衡状態を決めてきた．粒子数が膨大なときにはほとんどの可能性がピークの所に集中しているので，そこだけを考えればよかったのである．しかし，ボルツマン分布を使えば，すべての状態の実現確率がわかるのだから，ピーク値ではなく，

あらゆる可能性を取り入れた平均値を式で表わすことができる．たとえば平均エネルギーは

▶ $\overline{E}$ とは E の平均値を表わす．

$$\overline{E} = \sum_i E_i p(E_i) = \frac{1}{Z}\sum_i E_i e^{-E_i/kT} \tag{4}$$

となる．粒子数が膨大なときは，平均値はそのまま最頻値であり，しかも確率は圧倒的にそこに集中しているから，これが系のエネルギー E そのものだと考えてよい．しかしこの式は，問題としている系の粒子数が膨大でなくても正しい，厳密な式である．

■分配関数による計算

(4)は分配関数 Z から計算することができる．式を簡単な形にするために

$$\beta = 1/kT$$

という量を定義しておこう．分配関数は β の関数となる．

▶以下，系の粒子数は膨大であるとして，$\overline{E}$ を E と書く．また，E_i として内部エネルギーを使えば，(5)はその平均値 U を求める式になる．

$$Z(\beta) = \sum_i e^{-\beta E_i}$$

この対数を β で微分すると

$$\frac{d}{d\beta}\log Z = \frac{1}{Z}\frac{dZ}{d\beta} = \frac{1}{Z}\sum_i (-E_i)e^{-\beta E_i}$$

だから，(4)より

$$E = -\frac{d}{d\beta}\log Z \tag{5}$$

となる．その他の熱力学的量も，

$$S = -\frac{\partial F}{\partial T} = k\beta^2\frac{\partial F}{\partial \beta} \tag{6}$$

より，

$$F = E - TS = E - \beta\frac{\partial F}{\partial \beta}$$

$$\Rightarrow \frac{\partial(\beta F)}{\partial \beta} = E = -\frac{d}{d\beta}\log Z$$

$$\Rightarrow F = -\frac{1}{\beta}\log Z \tag{7}$$

ここで最後の式は積分して求めたので，温度(つまり β)によらない定数を右辺に加えておいてもいいはずである．しかし，エネルギー最小の状態を $E=0$ となるようにエネルギーの基準点を決めておけば，絶対零度では両辺ともゼロになるので，この定数はゼロとなる．またエントロピーは，(6)より

$$S = -k\beta^2\frac{\partial}{\partial \beta}\left(\frac{1}{\beta}\log Z\right) \tag{8}$$

となる．

6.2 分配関数の計算

> **ぽいんと**
>
> 分配関数 Z さえわかれば，熱力学的諸量が計算できることがわかった．前章までの計算方法では，状態数の分布 ρ がわかっていなければならなかったが，分配関数の方法ではその必要はない．その代わり必要となるのが Z の計算である．Z の計算も容易とは限らない．しかし理想気体のエネルギーが各分子のエネルギーの和であったように，全体のエネルギーが微小な系のエネルギーの和で書けるという場合には，計算がきわめて単純化される．この方法により単原子分子の理想気体の諸量を計算してみよう．

■分配関数の計算

分配関数の計算が容易な例として，理想気体のように，全エネルギーが各粒子のエネルギーの和で書けているという場合がある．系が N 個の同じ粒子から構成されているとしよう．そして系の全エネルギーを E，各粒子のエネルギーを ε_i と書く．そして系全体の状態が i（エネルギーが E_i）のとき，1番目の粒子のエネルギーが $\varepsilon^{(1)}$，2番目の粒子のエネルギーが $\varepsilon^{(2)}$ 等々とすると

$$E_i = \varepsilon^{(1)} + \varepsilon^{(2)} + \cdots + \varepsilon^{(N)}$$

であるから

$$e^{-\beta E_i} = e^{-\beta \varepsilon^{(1)}} \cdot e^{-\beta \varepsilon^{(2)}} \cdot \cdots \cdot e^{-\beta \varepsilon^{(N)}}$$

▶ $\beta \equiv \dfrac{1}{kT}$

したがって，分配関数は（次に説明する同種粒子効果を無視すると）

▶ $\varepsilon^{(k)}$ の各組合せに対して，状態 i が1つ決まるので，2つ目の $\sum$ は，$\varepsilon^{(k)}$ のあらゆる組合せについて和をとる．それは，結局(1)の $\sum$ のように $\varepsilon^{(k)}$ のエネルギーをもつ粒子ごとに和をとっても結果は同じになる．

$$Z = \sum_i e^{-\beta E_i} = \sum_{\varepsilon^{(k)} \text{のすべての組合せ}} e^{-\beta \varepsilon^{(1)}} e^{-\beta \varepsilon^{(2)}} \cdots$$
$$= \left(\sum e^{-\beta \varepsilon^{(1)}}\right)\left(\sum e^{-\beta \varepsilon^{(2)}}\right) \cdots = z^N \quad (1)$$

となる．ただし，ここで

$$z \equiv \sum_\varepsilon e^{-\beta \varepsilon} \quad (2)$$

は，1つの粒子に対する分配関数である．つまり，z さえ計算できれば Z が計算できる．

■同種粒子効果

系に含まれている粒子が区別できないとき，同種粒子効果というものを考えなければならないということを，4.6節の理想気体の状態数の計算のときに説明した．たとえば，1番目の粒子が ε，2番目の粒子が ε' という状態にあるという場合と，それが逆になった場合を考えてみよう．もしこの2つの粒子が区別できないとしたら，この2つのケースは同じものだから2度勘定してはいけないが，(1)のままでは2度勘定していることになる．

▶同種粒子効果を考えると，
$$Z = \frac{1}{N!} z^N$$

そこで粒子が N 個ある場合は，全粒子の並べ換えの数 $N!$ で割っておく必

要がある．ただし 4.6 節で説明したが，この方法も厳密にいえば正しくない．たとえば 1 番目の粒子と 2 番目の粒子が同じ状態だったら，それは (1) では 1 度しか勘定していないのでその分は割る必要はない．つまり $N!$ で割るというのは，複数の粒子が同じ状態になる確率が無視できるときに正しい．そのためには，可能な状態数が現実の粒子数よりも圧倒的に多ければよい．（この条件は，現実の気体程度に希薄であれば満たされる．章末問題 6.2 参照.）

ただし，同じ粒子だからといって区別ができないとは限らない．たとえば原子が規則的に並んでいる結晶だったら，それがすべて同種の原子であったとしてもその位置で区別できるので，$N!$ で割る必要はない．一方，気体の場合は，各分子の状態を，容器全体に広がっている波で定義しているので，位置による区別はないから $N!$ で割る必要がある．

▶ 4.5 節で説明したように，分子の各状態は，容器全体に広がる定常波で定義されている．

[例] 単原子分子の理想気体

例題 (1) を使って，温度 T，体積 V，粒子数 N の単原子分子の理想気体のエネルギーとエントロピーを求め，(4.9.3) および (4.9.9) と一致することを確かめよ．

[解法] まず，(4.5.6) を使えば (2) は

$$z(\beta) = \sum_{n_x}^{\infty} \sum_{n_y}^{\infty} \sum_{n_z}^{\infty} \exp\left[-\beta \frac{\pi^2 \hbar^2}{2ML^2}(n_x{}^2 + n_y{}^2 + n_z{}^2)\right]$$

となる．この無限和は正確には計算できない．しかし章末問題 4.4 でも示したように，現実には n が 1 つ増えても指数はわずかしか変化しない．したがってこの和は積分に置き換えてよく

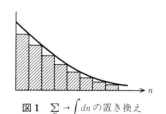

図1 $\sum_n \to \int dn$ の置き換え

▶ $\alpha \equiv \beta \dfrac{\pi^2 \hbar^2}{2ML^2}$

章末問題 4.4 で求めた値は $\sqrt{\alpha}$ にほぼ等しく，きわめて小さい．

▶ $\int_0^{\infty} e^{-\alpha x^2} dx = \dfrac{1}{2}\sqrt{\dfrac{\pi}{\alpha}}$

$$z(\beta) \simeq \int_0^{\infty} dn_x \int_0^{\infty} dn_y \int_0^{\infty} dn_z\, e^{-\alpha n_x{}^2} e^{-\alpha n_y{}^2} e^{-\alpha n_z{}^2}$$
$$= \left(\frac{1}{2}\sqrt{\frac{\pi}{\alpha}}\right)^3 = \left(\frac{M}{2\pi\hbar^2\beta}\right)^{3/2} V \tag{3}$$

となる（図1）．これを使えば，(1) と前節 (5) より，

$$E = -\frac{d}{d\beta}(N \log z) = \frac{3}{2}N\frac{1}{\beta} = \frac{3}{2}kNT$$

となる．これは，単原子分子の理想気体のよく知られている結果に他ならない．またエントロピーは前節 (8) より

▶ c は同種粒子効果によるエントロピーへの寄与を表わす．

$$S = kN\left[\log\left\{\left(\frac{MkT}{2\pi\hbar^2}\right)^{\frac{3}{2}} V\right\} + \frac{3}{2}\right] - kc$$

$$(c \equiv \log N! \simeq N \log N - N)$$

と求まる．これも (4.9.9) に一致している．

6.3 理想気体中の分子の速度分布

ぽいんと

ボルツマン分布の見方を少し変えると，理想気体中の分子のもつ速度分布がわかる．これをマクスウェルの速度分布（あるいは，マクスウェル・ボルツマンの速度分布）と呼ぶ．これを使えば，平均値を使って行なった理想気体の諸計算（第1章）を，厳密な計算で確かめることができる．

キーワード：マクスウェル（・ボルツマン）の速度分布，噴出粒子の速度分布

■1粒子の速度分布

ある系が，それより圧倒的に大きい，温度 T の熱浴と熱的に接触しているとき，その系がある状態 i（エネルギーは E_i とする）になる確率は

$$Z^{-1}e^{-E_i/kT}$$

であるというのが，ボルツマン分布であった．この式を導くにあたっては，熱浴は膨大な数の粒子から構成されていなければならないが，問題とする系に対しては，そのような制限はなかったことに注意しよう．

そこで，問題とする系を理想気体中の分子1つとし，理想気体全体を熱浴に対応させる．すると，理想気体の温度を T とすれば，ある分子が ε というエネルギーをもつ確率は

$$z^{-1}e^{-\varepsilon/kT}$$

となる．ただし z は，確率の和を1にするための比例係数である（1分子の分配関数）．具体的に書き表わしておこう．分子の（並進）運動のエネルギーは，速度ベクトルを $\boldsymbol{v}$ とすれば $\varepsilon = M\boldsymbol{v}^2/2$ であるから，ある1つの粒子が速度 $\boldsymbol{v}$ である確率密度 p は

$$p(\boldsymbol{v}) = \left(\frac{M}{2\pi kT}\right)^{3/2} e^{-\frac{M}{2kT}(v_x{}^2+v_y{}^2+v_z{}^2)} \tag{1}$$

▶ 速度が $\boldsymbol{v}$ と $\boldsymbol{v}+\Delta\boldsymbol{v}$ の間にある確率は，$p(\boldsymbol{v})\Delta v_x \Delta v_y \Delta v_z$ に等しい．

となる．（単原子分子でない場合は，分子の回転や振動のエネルギーもあるが，理想気体の場合はそれらのエネルギー分布の間には関連性はないと考えられるので，速度分布に対しては影響しない．）ただし，速度の3成分について $-\infty$ から ∞ まで積分したときに確率が1となるように，比例係数を決めた．(1)を，**マクスウェル（・ボルツマン）の速度分布**と呼ぶ．

▶ $\int_{-\infty}^{\infty} e^{-\alpha x^2} dx = \sqrt{\dfrac{\pi}{\alpha}}$

▶ Maxwell(1831-1879)，イギリスの物理学者．

■速度の分布

ボルツマン分布の形からも明らかなように，各状態の中で一番実現確率の大きいのは，エネルギーが最小，つまり $\boldsymbol{v}=0$ の状態である．しかし，速度の方向は気にせずにその大きさだけの分布を考えたときは，最大値は別の所になる．実際，速度の絶対値が $|\boldsymbol{v}|$ と $|\boldsymbol{v}+\Delta\boldsymbol{v}|$ の間になるのは，v_x, v_y, v_z という3つの座標軸からできる空間（速度空間）の中の，半径 v, 厚さ

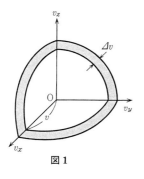

図1

Δv の球殻内部だから，その確率は

$$p(\bm{v})4\pi v^2\Delta v \qquad (v=|\bm{v}|)$$

となる（図1参照）．これが最大となるのは，

$$v=\left(\frac{2kT}{M}\right)^{1/2} \qquad (2)$$

ただし，この最大値の所に分布が集中しているわけではない．分布を計算しているのが1粒子系であり，膨大な数の粒子から構成されている系ではないのだから，分布が広がるのは当然である．

第1章では，すべての粒子の速度がその平均値に等しいと仮定して，エネルギーなどの計算をした．しかし，ここで速度分布が求まったのだから，それを使って厳密な計算をすることができる．1粒子のエネルギーの平均値は，

$$\int \frac{M}{2}\bm{v}^2 p(\bm{v})dv_x dv_y dv_z = \frac{3}{2}kT \qquad (3)$$

となり，(4.9.8)に一致する（章末問題6.4, 6.6参照）．

▶前ページの公式を α で n 回微分すれば次の公式が得られる．

$$\int_{-\infty}^{\infty} x^{2n} e^{-\alpha x^2} dx$$
$$= \frac{(2n-1)!!}{2^n}\frac{1}{\alpha^n}\sqrt{\frac{\pi}{\alpha}}$$

積分領域が $0<x<\infty$ のときは，その半分になる．ただし，$(2n-1)!!$
$$\equiv (2n-1)\cdot(2n-3)\cdots 1$$
たとえば $n=3$ ならば
$$5!! = 5\cdot 3\cdot 1 = 15$$

[例] 気体の噴出

マクスウェルの速度分布は，気体を詰めた容器から噴出してくる分子の速度分布を測定することにより実験的に確かめられている．噴出する分子の速度分布とマクスウェルの速度分布の関係を調べておこう．

例題 温度 T，粒子密度 n の理想気体が詰まっている容器に，面積 S の穴が開いている（図2）．その穴から，単位時間に垂線に対して角度 θ で飛び出してくる分子の速度分布（$\tilde{p}(v,\theta)$ とする），および飛び出す粒子総数を求めよ．

[解法] まず，速度空間における分布を，球座標 (v,θ,φ) で表わしておかなければならない．球座標では各座標が微小に $(\Delta v, \Delta\theta, \Delta\varphi)$ だけ変化すると，距離の変化は，それぞれの方向に $(\Delta v, v\Delta\theta, v\sin\theta\Delta\varphi)$ である．したがって，これを3辺とする直方体の体積は，

$$\Delta v\cdot v\Delta\theta\cdot v\sin\theta\Delta\varphi = v^2\sin\theta\Delta v\Delta\theta\Delta\varphi$$

となる．分布密度はこれに確率密度(1)を掛けて

$$p(v)v^2\sin\theta\Delta v\Delta\theta\Delta\varphi \qquad (4)$$

となる．次に単位時間に速度 v，角度 θ で飛び出してくるのは，図2の体積 $Sv\cos\theta$ の部分にある粒子 $nSv\cos\theta$ 個のうちの(4)の割合であるから，噴出粒子の速度分布は（$0\leq\varphi\leq 2\pi$ で積分して）

$$\tilde{p} = 2\pi nSp(v)v^3\sin\theta\cos\theta\Delta v\Delta\theta$$

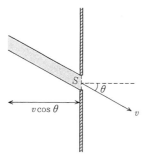

図2 壁の穴(S)から飛び出る粒子

粒子総数は，これを $0\leq v\leq\infty, 0\leq\theta\leq\frac{\pi}{2}$ の領域で積分し

$$粒子総数 = \int_0^\infty \int_0^{\frac{\pi}{2}} \tilde{p}(v,\theta)dvd\theta = nS\left(\frac{kT}{2\pi M}\right)^{1/2}$$

6.4 仕事・熱・圧力に対する統計力学的見方

ぽいんと

統計力学では，平均値の振舞いだけを問題にすることが多い．しかしボルツマン分布を使えば，各状態の実現確率がわかるので，問題をより深いレベルから考察することが可能になる．そのような立場から，エネルギーの増減，仕事，熱などの意味について考え，圧力を求める式を導いてみよう．

■確率分布とエネルギーの変化

系の状態が i であるときのエネルギーを E_i，その実現確率を p_i とすれば，系のエネルギーの平均値は

$$E = \sum_i E_i p_i = \frac{1}{Z} \sum_i E_i e^{-E_i/kT}$$

である．これを見ると，エネルギーの平均値 E を変えるには2通りの方法があることがわかる．

[1] E_i を変える．（この場合，一般には p_i も自動的に変わる．）
[2] p_i だけを変える．

[1]は系の取りうるエネルギーを変えるということである．理想気体の場合は，系の大きさを変えることにより実現される．(4.5.6)から，系の長さ L が変われば，各 n に対するエネルギーも変わることがわかるだろう．

ただし，E_i を変えると一般に p_i も変わる．系の大きさを変えたときのエネルギーの変化は「仕事」に対応するが，仕事を受けると温度 T も変化する．しかし T はすべての状態 i に対して共通の数なので，E_i が変わると，T を変えてもすべての i に対する実現確率 p_i を不変に保てるとは限らない．つまり，仕事を受けたのち一般には状態間の遷移が起こり，p_i の値が変わって必ずボルツマン分布の形になる．

▶ 例外的に p_i が変わらないときもある．章末問題6.7参照．

[2]では E_i を変えないのだから，系の大きさは不変であり仕事はゼロである．つまりこのタイプの変化は，「熱」によるエネルギーの移動を意味する．温度だけが変わる．つまり熱とは，各粒子の取りうるエネルギーは変えないが，エネルギーの高い状態にいる確率，低い状態にいる確率の相対的な大きさを変える効果だということになる（図1）．

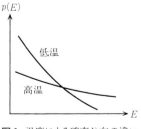

図1 温度による確率分布の違い

■仕事と圧力の求め方

熱の出入り，つまり体積が変化しないときのエネルギーの変化の式

$$\Delta E = T \Delta S \quad (\Delta V = 0 \text{ のとき})$$

は，統計力学的な温度の定義式(4.9節)に他ならない．

では，仕事の式
$$\varDelta E = -P\varDelta V \quad (\varDelta S = 0 \text{ のとき}) \tag{1}$$
は統計力学的にどう説明されるだろうか．第1章でも説明したように，平均値ですべての量を代表して構わないとすれば，力学的に当然の式である．しかし統計力学で考えているのは，実現確率 p_i で分布している状態の集合であり，平均値をもつ状態が1つだけ存在しているわけではない．状態の集合という観点から(1)がどのように導かれるかを考える必要がある．特に，$\varDelta S = 0$ という条件はどのように現れるのだろうか．そこでまず，統計力学的には圧力 P がどのように計算できるかを考えてみよう．

ある系が1辺 L の立方体の容器に入っているとする．その系の状態が i であるとき，系が x 方向へ及ぼす力を f_x とすれば，
$$f_x = -\frac{\varDelta E_i}{\varDelta L}$$
である(x 方向へ容器が $\varDelta L$ だけ伸びたとき，系のエネルギーは外部に仕事 $f_x \varDelta L$ だけ減少するから)．

話を簡単にするために，立方体がすべての方向に $\varDelta L$ だけ伸び，体積は
$$\varDelta V = (L+\varDelta L)^3 - L^3 \simeq 3L^2 \varDelta L$$
だけ増加したとする．力は3方向に働いているが，すべて等しいとしてそれを f_i とすれば

▶大文字の P は，ここでは確率ではなく圧力である．

$$\varDelta E_i = -3f_i \varDelta L = -\frac{f_i}{L^2}\varDelta V \equiv -P_i \varDelta V$$

となる．ただし P_i とは，状態 i による圧力で，力を容器の各面の面積で割ったものに等しい．

▶厳密にいえば，各状態の力が3方向とも同じとは限らない．特定の方向への力が大きい状態もある．しかし結局はすべての状態の平均を考えるので，厳密さには欠けるが方向性は無視して議論を進める．

各状態の圧力を，状態の実現確率を考えて平均したものが，統計力学で考える系の圧力 P であるから，上の式を使えば結局
$$P = \sum_i P_i p_i = \sum_i (-)\frac{\varDelta E_i}{\varDelta V} p_i \tag{2}$$
という式が求まる．

p_i にボルツマン分布を代入し，この式を直接計算すれば圧力が求まる．しかし，実際には6.1節でもしたように，分配関数 Z から計算するのが便利である．実際，(2)を使えば
$$\left.\frac{\partial F}{\partial V}\right)_T = kTN\left.\frac{\partial}{\partial V}\log Z\right)_T = \sum_i \frac{\partial E_i}{\partial V}\frac{1}{Z}e^{-E_i/kT} = -P$$
となり，(5.5.5)の第2式が求まった．エネルギー U と圧力の関係も，この式と $U = F - TS$ という関係よりすぐ求まる．特に，圧力 P を F から求めるとき，T を一定にして微分するということから，U から求めるときは S を一定にしなければならないことが導かれる(5.5節参照)．

章末問題

[6.1 節]

6.1 エネルギーの「平均値からのずれの 2 乗」の平均値が

$$\overline{(E-\bar{E})^2} = \overline{E^2} - \bar{E}^2 = -\frac{d\bar{E}}{d\beta}$$

という公式で求まることを示せ．また理想気体($E = \alpha kNT$)の場合に，粒子数 N が膨大ならば，この値は E と比較して圧倒的に小さいことを示せ．

[6.2 節]

6.2（章末問題 4.5 の一般化）　体積 V，温度 T，粒子数 N の気体中で，1 粒子が取りうるエネルギーが kT 程度以下の状態数が，N よりも圧倒的に大きいという条件は，

$$n\left(=\frac{N}{V}\right) \ll n_Q$$

であることを示せ．ただし n_Q は，章末問題 5.4 で定義した「量子濃度」である．（実際の気体で，この不等式が成り立っていることは，問題 4.5 や 5.4 で示している．）

6.3

$$\int_0^\infty e^{-\alpha n^2} dn > \sum_{n=1}^\infty e^{-\alpha n^2} > \int_1^\infty e^{-\alpha n^2} dn$$

であることを使って，(6.2.3) で和を積分で置き換えたことによる誤差の程度を考えよ．（上の不等式の左右は，中央の式で示される階段関数を，階段の上側の曲線で近似するか，下側の曲線で近似するかの違いである．）

[6.3 節]

6.4 v の最頻値((6.3.2) のこと)，v の平均値，v^2 の平均値の平方根をそれぞれ求め，その大小関係を調べよ．

6.5 問題 6.1 の式を使って，分子の（並進運動の）エネルギーの「$3kT/2$ からのずれの 2 乗」の平均値を求めよ（これは 1 粒子に対する値だから，平均値の 2 乗に比べて小さくはないことに注意せよ）．

6.6 マクスウェルの速度分布を使って粒子が壁に与える力積を求め，$PV = kNT$ を導け．

[6.4 節]

6.7 4.5 節で説明した理想気体(3 次元)において，容器の大きさをすべての方向に微少量 ΔL だけ増したとする．すると，T を適当に変えれば，ボルツマン分布

$$p(\boldsymbol{n}) \propto \exp\{-\varepsilon(\boldsymbol{n})/kT\}$$

は，すべての $\boldsymbol{n}$ に対して変わらないことを示せ．

Ⅲ 統計力学の応用

7

混合の統計力学

ききどころ

　気体の入った容器を2つつなげれば，中の気体は自然に混じり合ってしまう．各分子がどちらの容器に入っているかを指定したときの状態数よりも，どちらでも構わないとしたときの状態数のほうがはるかに大きいからである．統計力学的に考えれば，これはエントロピー効果に他ならない．分子はどちらにあってもエネルギーは変わらないが，エントロピーの違いにより結果が決まっている．

　気体の混合に限らず，各粒子の状態に対して2つの選択があるときに，物質はその双方ができるだけ混じり合った状態になるという傾向がある．状態数(つまりエントロピー)のことを無視した単純な力学的な考察だけからは理解できない現象であり，自然界では頻繁に見られる．混合のエントロピーという観点から，これらの現象を統一的に理解しよう．

7.1 気体を混合したときのエントロピーの変化

ぽいんと

温度も圧力も種類も同じ気体が入った容器を2つ並べ，その境界を取り除いても，変化は何も起きない．混じり合ったとしても同じ種類の分子ならば，最初の状態と何も変わるところがない．しかし，もし分子の種類が異なっていたら，混じり合えば別の状態になる．もちろん温度も圧力も変わらない．変わるのはエントロピーであり，その変化分を混合のエントロピーと呼ぶ．

キーワード：気体の混合，混合のエントロピー

■示量変数

同じ体積，同じ粒子数，同じ温度の，同じ物質の系を2つ並べると，系全体の「体積」や「粒子数」は2倍になる．このように系の大きさに比例した数を示量変数という(5.5節参照)．

エントロピーは示量変数である．それについてはすでに第4章で議論したが，その直観的意味について復習しておこう．同じ体積，同じエネルギー，同じ粒子数の物質を2つ並べたとする．ただし壁があって，エネルギー(熱)は移動できないとする．状態数は独立に考えてよいから

$$\rho(1+2) = \rho(1) \cdot \rho(2)$$

だからエントロピー $S(=k \log \rho)$ の関係式は

$$S(1+2) = S(1) + S(2) \tag{1}$$

となる．次に，壁を取り外した場合を考えてみよう．もともとまったく同じものを並べただけだから，壁があってもなくても何も変わりないはずである．したがってエントロピーについても，(1)の関係が成り立つと期待される．つまりエントロピーは示量変数だと考えてよい．

▶実際には粒子やエネルギーの移動が可能となると，片寄ってしまう可能性も生じるから，壁の有無の影響はある．しかし第3章でも計算したように，粒子数が膨大なときは，粒子やエネルギーが片寄る可能性はきわめて小さい．(1)への影響も，粒子数が大きい極限では無視できる(章末問題5.6参照)．

■気体を混合したときのエントロピー

実際，単原子分子の理想気体のエントロピー(4.9.9)は示量変数になっている．このようになったのは，同種粒子効果を取り入れて状態数 ρ を $N!$ で割ったため，エントロピーの対数の中に N という因子が現われたためであることに注意しよう．上でエントロピーが示量変数であることを説明するのに，2つの物質が同じものであることが重要だったが，理想気体の計算では粒子が区別できないということの効果を，$N!$ で割ることにより具体的に取り入れているのである．

では，異なる分子からなる理想気体の場合はどうなるだろうか．境界を取り除くと分子は混じり合う．混合以前とは異なる状態になるので，全エントロピーが同じである理由はない．実際以下で示すように，(1)は成り立たず全エントロピーは増加し，異種の物質の混合は不可逆過程であるこ

7 混合の統計力学

とがわかる．

議論を一般的にするために，2つの気体の体積や粒子数は異なってもよいとする．ただし，それらは比例関係にあり（$N_1/V_1 = N_2/V_2$），温度も圧力も等しいとする．つまり系の大きさだけが異なる（図1）．

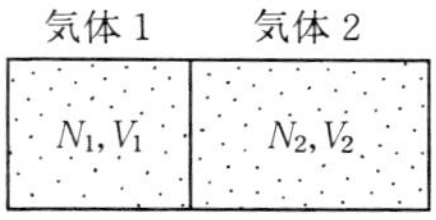

図1 混合する以前の2つの気体

分子は左右異なるとし，境界を取り除いた後のエントロピーの変化を計算してみよう．境界を取り除くと，左の気体は右に，右の気体は左に膨張する．どちらも理想気体であれば，分子間の影響は考えないので膨張は互いの存在に無関係に起こると考えてよい（2.2節で説明した自由断熱膨張である）．エネルギーの出入りはないので温度も変わらず，体積が変化するだけである．だから（4.9.9）を使えば，左右の気体のエントロピーの変化はそれぞれ

$$\Delta S_1 = kN_1 \log(V_1+V_2)/V_1$$
$$\Delta S_2 = kN_2 \log(V_1+V_2)/V_2$$

▶この場合も，2つの気体間のエネルギーの移動がありうるが，最初から平衡状態（温度が等しい）ならば，粒子数が膨大なときには無視できる．

である．したがって

$$x = \frac{N_1}{N_1+N_2} = \frac{V_1}{V_1+V_2} \quad (<1), \quad N \equiv N_1+N_2$$

という割合を示す変数を使うと，全エントロピーの変化は，

▶$\log x < 0$（$0 < x < 1$のとき）

$$\Delta S = -kN\{x \log x + (1-x)\log(1-x)\} > 0 \quad (2)$$

となり，プラスである．気体を混合すれば，そのエントロピーは増加する．

■組合せの数と混合エントロピー

このエントロピーの変化は，気体のエントロピーの公式を知らなくてもすぐに計算できる．混合する気体が同じものだったら全エントロピーの変化はないのだから，混合した後の状態で，すべてが同種の分子である場合と，2種の分子が混ざっている場合とを比較すればよい．2種の場合，各分子がどちらのものであるかという区別があるので，その分だけ状態数が増える．合計N個ある分子のうち，そのどれが第1種の分子であってもよい．その組合せの数は，合計N個のものから第1種の分子の数N_1個の取り出し方の数だから

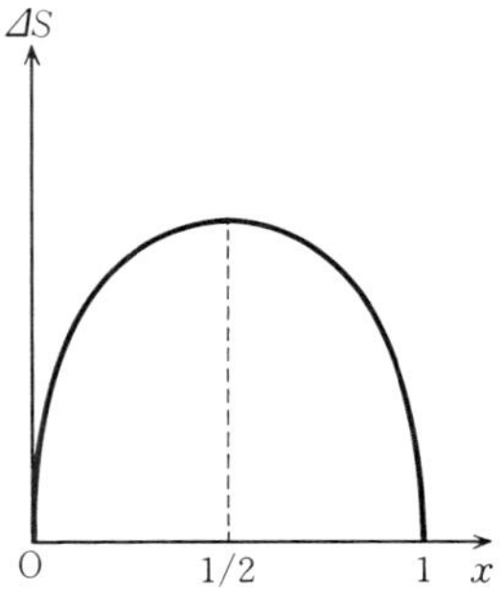

図2 混合エントロピーΔSのx依存性
$\Delta S = -kN$
$\times \{x \log x$
$+ (1-x)\log(1-x)\}$

$$_N C_{N_1} = \frac{N!}{N_1!(N-N_1)!}$$

となる．同種粒子の場合の状態1つに対し，2種の場合は分子の種類の違いにより，この数だけの状態数がある．したがってエントロピーは，これの対数分だけ増すことになる．実際スターリングの公式を使えば

▶これは（3.3.3）の計算と同じである．

$$\log {_N C_{N_1}} \simeq N_1 \log \frac{N}{N_1} + (N-N_1)\log \frac{N}{N-N_1} \quad (3)$$

となる．これは（2）に他ならない．このエントロピーの増分を，**混合のエントロピー**と呼ぶ．

7.2 液体の混合と分離

> **ぽいんと**
>
> 理想気体の場合，2種のものを一緒にするとそれらは一様に混合する．そのときにエントロピーが最大になるからである．平衡状態というのは自由エネルギー $F(=E-TS)$ が最小という条件から決まるが，理想気体の場合，分子間の力は考えていないので混合してもエネルギーの変化はなく，エントロピーのことだけを考えればよいのである．
>
> では，分子間の力が無視できない場合，たとえば液体の場合だったらどうだろうか．異種の分子間の力が強い引力だったら，必ず混じり合う．逆に，2つの液体の分子間に反発力が働いているとしても，混合エントロピーのためにやはり必ず少量は混じり合うことがわかる．また，2つの液体の量が同程度の場合は，2相共存状態が実現する．
>
> **キーワード：液体の混合，2相共存状態**

■分子間力があるときの混合

今まで扱ってきた理想気体では，各粒子の状態やエネルギーを個別に考え，それを組み合わせて気体全体の状態やエネルギーを表わすことができた．液体の場合は分子の間に強い力が働いているので，問題はより複雑である．

分子間力は液体の混合を考えるときにも重要である．混合することによりポテンシャルエネルギーが変化するので，エントロピー S だけを考えていては不十分であり，平衡のための基本条件である「自由エネルギー $\mathcal{F}(=E-TS)$ が最小」という条件を考えなければならない．

A という分子からなる液体と，B という分子からなる液体があったとする（A と B は混ぜても化学反応は起こさないとする）．$A-A$ 間，$B-B$ 間には引力が働いているはずである．そうでなければ液体として集まってはいられないだろう．次に $A-B$ 間の力を考えよう．それが斥力だったり，引力だとしても $A-A$ 間や $B-B$ 間の力より弱ければ，混ざり合うよりも分離していたほうがポテンシャルエネルギーが低い状態になる．分子を押しのけて混じり込むにはエネルギーが必要で，混合した状態のほうがポテンシャルエネルギーが大きい．しかし気体の場合からもわかるように，エントロピーは混合したほうが大きくなる．そのバランスで平衡状態が決まる．

■混合状態の自由エネルギー

▶ $N_B \ll N_A$ とするので分子 B 同士の影響は考えない．

B の分子が1つ A の液体の中に入り込むとき，（分離している状態と比較して）ポテンシャルエネルギーが u だけ増えるとする．すると N_B 個の分子が入り込んだときのエネルギーの変化は

$$\Delta E = uN_B$$

である．

次に，混合したときのエントロピーの変化を考えよう．液体の構造まで考えた厳密な取り扱いはできないが，Bの分子が液体Aの中に入り込むとは，単に分子Aがあった位置にBがAと入れ替わると仮定して計算する．そうだとすれば状態数の変化は入れ替わり方を数えるだけとなるから，気体の場合と同じ混合のエントロピーが使える．

N_A個の分子Aからなる液体に，N_B個の分子Bが混合する場合を考えると，$N_A \gg N_B$とし，分子数の割合を

$$x_B \equiv \frac{N_B}{N} \qquad (N \equiv N_A + N_B)$$

で表わせば，混合のエントロピーは(7.1.2)より

$$S = -kN\{x_B \log x_B + (1-x_B)\log(1-x_B)\}$$

となる．したがって自由エネルギーの変化$\varDelta \mathcal{F}(=\varDelta E - T\varDelta S)$は

$$\varDelta \mathcal{F} = ux_B N + kTN\{x_B \log x_B + (1-x_B)\log(1-x_B)\}$$

この関数をグラフに書くと図1のようになる．x_Bが0の付近では，$x_B \log x_B$という項が大きくなり$\varDelta \mathcal{F}$は必ずマイナスとなる．また$\mathcal{F}$が最小となるのは，$d(\varDelta \mathcal{F})/dx_B = 0$より

$$x_{\min} = 1/(e^{u/kT}+1)$$

である．つまり，存在しているBの割合が$x_{\min}$よりも小さければ，混合すればするほど$\mathcal{F}$は小さくなる．つまり両者は完全に混合する．いくらAとBの反発力が強くても（つまりuがいくら大きくとも），絶対零度でないかぎり，分子Bが少量ならば必ず混合するのである．これが混合エントロピーの効果である．しかし，Bの割合が多すぎると$\mathcal{F}$がプラスになるので，完全には混合しなくなる．混合する割合は，温度が高いほど，あるいはuが小さいほど大きい．

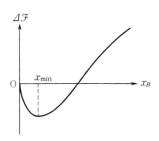

図1 Bを混合したときの自由エネルギーの変化

▶ $\varDelta \mathcal{F} = \varDelta E - T\varDelta S$という式を考えれば，$u$が小さいほど，あるいは$T$が大きいほど，$x_{\min}$が大きくなることはすぐにわかる．

■混合と分離の仕方

分子Bの割合が増えたとき何が起きるかを考えてみよう．$\varDelta \mathcal{F}$がマイナスとなるx_Bの領域があれば，少なくとも一部は混合するだろう．しかし現実にどのような混合が起きるかは，上記の計算だけからはわからない．

上記の計算では，分子Bの割合x_Bが小さいことを仮定していた．分子Aの割合が小さいときには，役割を逆にした計算をしなければならない．そして，Bの割合が小さい位置に$\mathcal{F}$の極小値が現われたのと同様に，逆の計算からは，Aの割合が小さい位置に別の極小値が現われるだろう．そこで，AとBの比率が同程度のときは，これらの極小値に相当する2つの状態に分離すれば，$\mathcal{F}$を小さくすることができる．つまり液体Aと液体Bは分離するが，それぞれ完全に純粋の状態ではなく，互いに相手の分子を少量取り込むことになる．これが，**2相共存状態**である．

7.3 ゴムの弾性（方向のエントロピー）

ぽいんと

ゴムを伸ばすと，縮もうとする力が発生する．バネと同じ現象だが，その力の起源はまったく異なっている．バネの場合は，自然長にまで縮んでいたほうがポテンシャルエネルギーが小さいので縮もうとするが，ゴムの場合はそれを構成する高分子が折れ曲がっていたほうが状態数（エントロピー）が大きいため縮もうとするのである．簡単なゴムの模型を使って，その機構を説明する．

キーワード：高分子，方向のエントロピー

■1次元的な高分子模型

ゴムは高分子というものからできている．**高分子**とは，膨大な数の原子が鎖のように長くつながっているものである．これを単純化し，図1のように原子が一直線上に，等間隔でつながっている模型を考える．ただし，つながってはいるが，自由に折れ曲がったり伸びたりできるものとする．そして（外力を加えない限り），折れ曲がっていても真っすぐ伸びていてもポテンシャルエネルギーは変化しないとする．

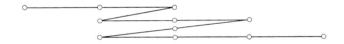

図1 1次元的高分子の折れ曲がりの例

この鎖状の高分子に統計力学を使ってみよう．鎖は絶えず折れたり伸びたりしていて，その長さは絶えず変化している．そして可能な状態がすべて等しい頻度で実現しているとする．等重率の原理である．そのときに，鎖の長さの確率分布を計算してみよう．

鎖を構成する原子の数を $N+1$ （$N \gg 1$）とする．原子のリンク（つながり）は N 個あることになる．その長さを d とする．

各リンクは，等しい確率で右に向いたり左に向いたりする．右に向いたリンクが $\frac{N}{2}+s$ 個，左に向いたリンクが $\frac{N}{2}-s$ 個だったとすると，鎖の両端の間隔 l は，$l=2sd$ となる．

▶鎖は折れ曲がっているので，その両端が鎖の最左端あるいは最右端になるとは限らないが，以後 l を「鎖の長さ」と呼ぶことにする．

N 個のうち $\frac{N}{2}+s$ 個が右に向く確率は，N 個から $\frac{N}{2}+s$ 個を取り出す組合せの数

$$\rho(s) = {}_N C_{\frac{N}{2}+s} = \frac{N!}{\left(\frac{N}{2}+s\right)!\left(\frac{N}{2}-s\right)!} \qquad (1)$$

に比例している．そして $N \gg 1$ のときには，この組合せの数，あるいは確率は

$$|s| < c\sqrt{N} \quad (c\text{ は 2～3 程度の大きさの数})$$

の領域にほとんど含まれていることを 3.4 節で示した．つまり鎖の長さは，

$$l \sim 2c\sqrt{N}d \tag{2}$$

程度であることがわかる．

これと最大長 Nd との比は $1/\sqrt{N}$（≪1）程度であることに注意しよう．つまり鎖は折れ曲がって，ほとんど長さゼロに縮まっているのである．バネの場合は，原子が引き付け合うので自然長にまで縮まろうとするが，今議論した高分子の場合にはそのような力は働いていない．原子の間隔は常に一定であると仮定しているし，伸びていても折れ曲がっていてもエネルギーは変わらないとしている．それなのに(2)で示したように鎖が縮むのは，組合せの数の多さ，つまりエントロピーの大きさのためなのである．

■弾　性

次に鎖の両端に力を加えて引っ張ったとき，鎖の長さがどのようになるかを考えてみよう．バネの場合と同様，力と長さの関係がこの高分子の弾性を表わすことになる．今までの議論は，単に状態数を計算しただけである．エネルギー E は折れ曲がりに依らないと仮定していたので無関係であった．しかし両端をある力で引っ張ったときには，折れ曲がるとエネルギーに差ができるので，その効果を取り入れなければならない．

エネルギーの差を求めるには，鎖を曲げるのに必要な仕事を計算すればよい．あるリンクを伸びた状態から曲がった状態に変えると，鎖の長さは $2d$ 縮む．しかし，そのようにするためには，両端に加えている力（f とする）と逆向きの力を加えなければならないから，

$$2fd$$

の仕事が必要である．言い換えれば，左向きのリンクは右向きのリンクに比べて，エネルギーが $2fd$ だけ大きいことになる．そして左向きのリンクが全部で $\frac{N}{2} - s$ 個あれば，$s = 0$（つまり $l = 0$）の鎖に比べ $2fds$ だけエネルギーが小さくなる．

▶このエントロピーは混合のエントロピーと同じものだが，方向の混合によるものなので**方向のエントロピー**と呼ぶこともある．

s の関数としてエネルギーが求まり，またエントロピーも状態数(1)の対数より s の関数として求まる．そして（圧倒的な確率で実現する）平衡状態での s の大きさを決めるには，5.1 節で述べたように，自由エネルギー

$$\mathscr{F} = -2fds - kT\log\rho(s) \simeq -2fds + 2kTs^2/N + 定数 \tag{3}$$

を最小にするという条件を使えばよい．ただし $s \ll N$ だとして，近似式(3.3.6)を使っている（$\hat{s} = s/N$ である）．この $\mathscr{F}$ の s による微分をゼロとすれば

▶自然長がゼロ，バネ定数が kT/d^2N のバネと同じ振舞いをする．

$$-2fd + 4kT\frac{s}{N} = 0 \quad \Rightarrow \quad l = 2sd = \frac{d^2N}{kT}f \tag{4}$$

となる．この高分子はバネと同様に，力に比例して伸びることがわかる．

7.4 ゴムの弾性（熱力学的な性質）

ぽいんと

前節では，高分子の折れ曲がりによるエントロピーを計算し，それにより熱平衡状態でのゴムの長さと弾力との関係を求めた．ここではその関係の物理的な意味，そしてそれを使ってわかるゴムの熱力学的な性質を説明する．

キーワード：エントロピー力，断熱伸縮，等温伸縮，ゴムの状態方程式

■張力と温度

▶張力の起源は，勝手に折れ曲がったり伸びたりしようとする高分子を構成する原子の運動エネルギーであり，原子間の力によるバネの張力と異なる．このような力を**エントロピー力**という．気体の圧力もエントロピー力である．

前節(4)よりわかるように，温度を上げると高分子は縮む．温度が上がると張力が増すといってもいい．

その理由を直観的に考えてみよう．自由エネルギー F が最小という条件より，エネルギーとエントロピーのバランスを考えればよい．高分子の両端が引っ張られているのだから，伸びていたほうがエネルギーは小さくなる．しかし高分子は，たくさん折れ曲がり縮んでいる状態のほうが，その状態を実現する組合せの数が大きい．つまりエントロピーが大きくなる．そして温度が上がるほどエントロピーの相対的な役割が大きくなるので，エントロピーの大きい縮んだ状態が，熱平衡状態となるのである．

▶$F = E - TS$ だから，T が大きければ S の影響が増す．

■熱力学的な量

前節で，$2ds$ だけ伸びた高分子のエネルギーを $-2fds$ としたが，それは外から加えた力 f によるポテンシャルエネルギーである．熱力学で内部エネルギーというときには，このような外力による効果は除き，その物体固有のエネルギーだけを考えることになっている．

今まで考えてきた高分子の模型では，外力が働いていないときは，エネルギーは折れ曲がりには依らないとしていた．つまり，内部エネルギー U は高分子の長さには依らない．U は折れ曲がりとは無関係の，原子の何らかの運動で決まる量である．一般には温度に依存するので

$$U = U_0(T) \tag{1}$$

と表わしておこう．またエントロピーも，折れ曲がり，つまり長さ l とは無関係の部分を $S_0(T)$ と表わすと，前節の計算より

$$S = S_0(T) - kl^2/2d^2N \tag{2}$$

となる．

▶前節(3)でも使ったが，
$k \log \rho \simeq -2ks^2/N + 定数$
$= -kl^2/2d^2N + 定数$

■ゴムの伸縮

このような熱力学で表わされるゴムを伸ばしたときに，どのような変化が起きるか考えてみよう．理想気体のときも，断熱膨張，等温膨張などがあ

ったように，ゴムの場合でもいくつかの異なった伸縮の仕方が考えられる．

[1] 断熱的に引っ張る

外部との熱の出入りが起こらないように，l から $l'(>l)$ に急速に伸ばしたとする．断熱的ということはエントロピーが非減少なので，温度が T から T' に変化したとすれば

$$S_0(T) - \frac{kl^2}{2d^2N} \leqq S_0(T') - \frac{kl'^2}{2d^2N} \quad \Rightarrow \quad S_0(T) < S_0(T')$$

である．エントロピーとは一般に温度の増加関数であることを考えれば

$$T < T'$$

という結論が得られる．つまりゴムは伸ばすと熱くなる．

▶準静断熱ならばエントロピーは一定．気体の自由断熱膨張のようなものなら，エントロピーは増加．

[2] 等温的な伸縮

周囲との熱平衡を保ちながら，ゆっくりと等温で伸ばしたとする．必要な仕事は

$$\text{仕事} = \int_l^{l'} f(l'') dl'' = \frac{kT}{2d^2N}(l'^2 - l^2) \tag{3}$$

である．しかし等温なので内部エネルギーは変化していない．つまり仕事で与えられたエネルギーは，すべて熱として周囲に発散されている．仕事が，$T \Delta S$（発熱量）に等しいことは(2)からすぐわかるだろう．

▶前節(4)より
$$f = \frac{kT}{d^2N} l$$

▶(3)だけポテンシャルエネルギーが減ったので，その分，熱として外部に放出すると考えてもよい．

■状態方程式と熱力学的関係

ゴム弾性の特徴は，前節の(4)，つまり張力が温度に比例するという点である．張力と温度と長さの関係を表わす式を

$$f = \alpha T l \quad (\alpha \text{ は定数}) \tag{4}$$

と書こう．これが**ゴムの状態方程式**である．実は(1)や(2)の式は，ゴムに対する特定のモデルを頭に浮かべなくても，この状態方程式から導くことができる．理想気体の場合との類推で，まずエネルギー保存則は

$$\Delta U = T \Delta S + f \Delta l$$

であることはわかるだろう．したがって，自由エネルギー $F = U - TS$ は

$$\Delta F = -S \Delta T + f \Delta l$$

そしてこれと(4)より，$f = \dfrac{\partial F}{\partial l}\Big)_T = \alpha T l$ となる．これを l で積分すれば

$$F = F_0(T) + \frac{1}{2} \alpha T l^2$$

となる．ただし，F_0 は積分定数．したがって，エントロピー S と内部エネルギー U は次式となり，(1)や(2)の形をしていることがわかる．

$$S = -\frac{\partial F}{\partial T}\Big)_l = -\frac{\partial F_0(T)}{\partial T} - \frac{1}{2} \alpha l^2 \qquad U = F + TS = F_0(T) - T \frac{\partial F_0}{\partial T}$$

▶理想気体の状態方程式とは，圧力と温度と体積の関係を表わす式であったことに注意．

▶F_0 は l で積分したときの積分定数だから，l には依存しないが，もう1つの変数 T には依存する．

▶U が温度のみの関数であるのは章末問題2.6(1)からもいえる．

7.5 磁 性

> ぽいんと

電子は電荷をもっているので，原子核の周囲を運動すると磁場を生じる．また電子は，静止した状態でもスピンと呼ばれる角運動量をもっており，それに付随した双極子的な磁場も周囲に作っている．しかしほとんどの物質中では，電子の運動やスピンはさまざまな方向を向いており，その結果，物質全体としては磁場を作っていない．（永久磁石となる物質は例外であり，それについては 10.7 節で説明する．）

磁場をもたない物質に外部から磁場をかける．するとそれに影響され，電子の軌道やスピンに方向性が現われ，物質自体も磁場をもつようになる．これを**磁化**という．磁化は，その起源が電子の運動かスピンかにより，方向も大きさも異なる．電子の運動が起源となっている物質は磁化は小さい．磁石を近づけるとひっつくような物質ではスピンが起源となっており，比較的大きな磁化をもつ（このような性質を**常磁性**といい，この性質をもつ物質を**常磁性体**という）．ここではこのようなスピン起源の磁化と温度との関係を，統計力学により調べてみよう．

キーワード：磁化，磁化率，常磁性（体）

■スピン

電子はスピンという性質をもっている．スピンとは量子力学により初めて発見され理解することのできた性質であり，詳しくは量子力学の巻に説明されている．ここでは以下の議論で必要なことだけをまとめておこう．

「俗な」説明では，スピンは電子の自転だといわれる．球形の電子が自転することにより持っている角運動量がスピンだというのである．電子は点状の粒子で大きさなどないから，自転という考えが誤りなのは明らかだが，ある程度の直観的なイメージだけならば得ることができる．

スピンには「右巻き」，「左巻き」と呼ばれる2つの状態があるが，これは自転というイメージで理解できる．自転の回転軸が上下方向だとしたとき，右巻きのことを「上向き」，左巻きのことを「下向き」と呼ぶこともある．自転というイメージで理解できないのは，スピンの状態が2つしかないという点である．つまり角運動量の大きさは決まっていて，上向き1種類，下向き1種類，合計2種類の状態しか存在しない．

■磁場との相互作用

ループ電流（コイルなど）が磁石の性質を示すのと同様，電子は静止していてもスピンがあるので，ミクロな磁石としての性質をもつ．したがって外から磁場 B をかけると，スピンの向きによって異なるポテンシャルエネルギー（ε とする）をもつことになる．それは

$$\varepsilon = \pm mB \tag{1}$$

と書け，比例係数 m のことを電子の**磁気双極子モーメント**と呼ぶ．エネルギーの符号はスピンの向きが磁場と平行か反平行かによる．磁石の N

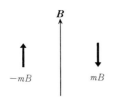

図1 スピンの向きとエネルギー

極が磁場の方向を向いていればエネルギーはマイナス，逆方向を向いていればプラスであることを考えればよい（図1）．

■ 磁　化

固体中に，スピンの方向を上下自由に変えられる電子が，単位体積当たり $N\,(\gg 1)$ 個並んでいるとする．それらの位置は固体内に固定されていて動かず，電子のエネルギーやエントロピーの計算には，スピンの向きだけを考えればよいものとする．

もし上向きスピンの数が $\frac{N}{2}+s$，下向きスピンの数が $\frac{N}{2}-s$ であったとすれば，この物体の磁化 M（単位体積当たりの磁気双極子モーメントの大きさ）は上向き，下向きスピンの差で表わされる．

$$M = 2sm$$

▶ 上向きも下向きも等確率ならば，膨大な粒子があるときは上下半々になる．

外部から磁場をかけておらず，スピンがどちらを向いていてもエネルギーが変わらないとすれば，状態数の計算より上向きスピンと下向きスピンの割合が等しくなる（つまり $M=0$ となる）だろう．では，この物体に大きさ B の磁場を上向きにかけたとき M の値がどうなるか，統計力学で計算してみよう．この問題は，前節の問題とまったく同じ計算で答が求まる．

▶ 章末問題7.4参照．

高分子でのリンクの左右の向きを，電子のスピンの上下の向きに置き換えて考えればよい．前節では，自由エネルギーを最小にするということから答を求めた．同じ計算の繰り返しを避けるために，ここでは分配関数による計算を示す．

まず，1つの電子に対して，スピンの向きの違いによる2つの状態が存在する．したがって，1つの電子の分配関数 z は，

▶ $\beta \equiv \dfrac{1}{kT}$

$$z = \sum e^{-\varepsilon/kT} = e^{\beta mB} + e^{-\beta mB}$$

である．したがって N 個の電子の分配関数 Z は

$$Z = z^N = (e^{\beta mB} + e^{-\beta mB})^N$$

となる．これより単位体積当たりのエネルギーは(6.1.5)より

$$E = -mBN\frac{e^{\beta mB} - e^{-\beta mB}}{e^{\beta mB} + e^{-\beta mB}} \tag{2}$$

したがって磁化は，特に磁場の小さいとき($\beta mB \ll 1$)を考えると

▶ (1)をすべての粒子に対して足せば $E=MB$ であることがわかる．

▶ $e^{\pm x} \simeq 1\pm x$ （$x\ll 1$ のとき）だから
$e^x - e^{-x} \simeq 2x$
$e^x + e^{-x} \simeq 2$

$$M = \left|\frac{E}{B}\right| = mN\frac{e^{\beta mB} - e^{-\beta mB}}{e^{\beta mB} + e^{-\beta mB}} \simeq \frac{m^2 NB}{kT}$$

となる．磁場に比例した磁化が生じるが，この比例係数を（定温）**磁化率**といい

$$\chi(\text{磁化率}) = \frac{m^2 N}{kT}$$

と表わされる．高温で磁化が小さくなるのは，エントロピーの効果が増し，向きが乱雑になるからだと考えればよい．

章末問題

[7.1節]

7.1 3種の粒子を混合させたときのエントロピーの変化を，7.1節と同様に，次の2通りの方法で計算せよ．結果は，各粒子の割合 x と全粒子数 N で表わせ．
 (1) 密度も温度も等しい3種の理想気体を混合させたときのエントロピーの変化を求める．
 (2) 組合せの問題として考える．
 (3) 一般に，α 種の粒子に対する混合エントロピーの公式はどう書けるか．

7.2 2種の混合エントロピー(7.1.2)について，次の性質を証明せよ．
 (1) $x=1/2$ で最大になる．
 (2) $x=0$ および $x=1$ での傾きは無限大．

[7.4節]

7.3 気体の場合の定積熱容量と定圧熱容量に対応して，ゴムの場合は，等長熱容量と等張力熱容量というものが考えられる．その差を T と f で表わせ．

7.4 弾性率とは $\partial f/\partial l$ だが，どのような条件で微分するかにより答は異なる．(7.3.4)より等温弾性率が kT/d^2N であるが，断熱弾性率（$\varDelta S=0$ とする）はどうなるか．S_0 を使って表わせ．

[7.5節]

7.5 常磁性の問題を，自由エネルギーが最小という条件を使って解け．

7.6 (7.5.1)から，磁場が小さいという近似を使わないで，熱容量を求めよ．熱容量は $T\to 0$ と $T\to\infty$ でゼロになり，ある温度で最大になることを確かめよ（図1参照）．（これを，ショットキー(Schottky)型の熱容量と呼ぶ．エネルギー準位が有限個しかないときに特徴的な振舞いである．）

7.7 (7.5.2)より，エネルギーを上げていくと温度はどう変化するかを考えよ．エネルギーがプラスになりうるかを考えよ．

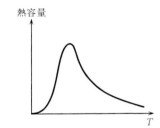

図1 ショットキー型熱容量

8 多原子分子の理想気体

ききどころ

　この章では，気体を構成している分子が，1つの原子（単原子）ではなく，複数の原子が結合したものである場合を考える．そのような分子はエネルギーを与えられると，全体としての運動（並進運動）ばかりでなく，回転したり伸縮（振動と呼ぶ）したりする．これを分子の内部運動と呼ぶ．そして内部運動があれば，それへのエネルギーの分配も考えなければならないから，エントロピーの計算などが変わってくる．それらの影響を調べるのが，本章の課題である．

　内部運動の特徴は，運動を引き起こすのにある程度のエネルギーが必要だという点にある．そのため低温と高温では，定性的にもかなり異なった振舞いを示す．このような問題を扱うには，6章で説明した分配関数の方法が便利であることがわかる．

8.1 分子の内部運動

> ぽいんと

複数の原子から構成されている分子では，並進運動の他に，回転や振動などの内部運動を考えなければならない．この節ではまず，2原子からなる分子にどのような内部運動があるかを説明する．また内部運動があるときの統計力学の計算法を議論する．分子のもつエネルギーは，並進運動・回転・振動それぞれのエネルギーの和で表わせるため，分配関数の方法がきわめて有用となる．
キーワード：内部運動，振動，回転，分配関数の独立性

■分子の振動と回転

分子が2つの原子から構成されているとする．2つの原子は結合しており，ある適当な距離だけ離れているときに最も安定な状態（エネルギーが最小の状態）になれる．しかしエネルギーが与えられれば，この距離は変化することも可能で，その場合は2つの原子は近づいたり遠ざかったりする．これを分子の**振動**と呼ぶ．また，分子はその重心の回りを**回転**することもある．回転の無い状態がエネルギーが最小で，回転が早くなると（力学的にいえば角運動量が増すと），回転のエネルギーも増す．

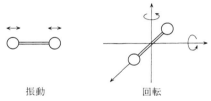

図1　2原子分子の運動

▶回転の運動が2種類，振動が1種類，そして分子全体の並進運動が，3方向あるから3種類で合計6種類の運動がある．これは原子2個の運動の自由度（3×2）に等しい．

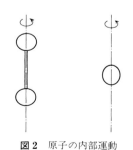

図2　原子の内部運動

原子を球で表わし，2原子分子を鉄亜鈴のように描いたとすると，振動と回転は図1のような運動だと考えられる．回転には，回転軸が鉄亜鈴に垂直な2種類が考えられる．鉄亜鈴自体の軸の回りの回転（図2）や原子自身の回転もあるが，これは異質のものであることに注意しよう．軸の回りでいくら回転しても分子の形や向きは変わらない．これは原子の内部構造まで考えて初めて，何かが変わっていることがわかる運動である．つまり分子の内部運動ではなく，原子内の運動（原子の**内部運動**）である．原子内の運動を引き起こすにはかなりのエネルギーが必要であり，かなりの高温でないかぎり無視することができる．一般に，運動を引き起こすのに必要なエネルギーと温度との関係は，回転や振動においても重要な問題であり，この章の後半で詳しく議論する．

また3原子以上からなる分子の場合，それが一直線に並んでいる場合を除けば，回転は3種類あることに注意しよう．

■内部運動と分配関数

第Ⅱ部で説明したように,統計力学の基本的な量はエントロピーである.それは,気体全体のエネルギーを各粒子に分配する方法の数,つまり状態数から求まる.今まで気体としては単原子分子だけを考えてきたので,各粒子のエネルギーとしてはその並進運動のエネルギーだけを考慮すればよかった.しかし,回転などの内部運動のエネルギーもいろいろな値を取り得る場合には,その違いによる状態の区別もしなければならないので,状態数の計算も面倒になる.しかし状態数を直接計算するのではなく,6.1節で説明した分配関数という手法を用いると,内部運動があっても比較的容易に計算ができる.並進運動と内部運動の両方を考えねばならないときに分配関数をどのように計算すればよいかをまず考えてみよう.

まず,分子の全エネルギー ε は

$$\varepsilon = \varepsilon(並進) + \varepsilon(内部)$$

というように,並進運動のエネルギーと内部運動のエネルギーの和で書けるということが大事である.$\varepsilon(並進)$ は,3つの方向の運動量,あるいは4.5節の記号を使えば,3つの自然数 $\boldsymbol{n} = (n_x, n_y, n_z)$ で表わされるので

$$\varepsilon(並進) = \varepsilon(\boldsymbol{n})$$

と書くことにする.$\varepsilon(内部)$ の方はまだ具体的には求めていないが,内部運動の各状態に,エネルギーの小さいほうから番号を付け

$$\varepsilon(内部) = \varepsilon(i) \quad (i = 1, 2, 3, \cdots)$$

と書く.1分子の分配関数 z(6.2節参照)は,すべての状態に対する $e^{-\varepsilon/kT}$ という量の和であるが,$e^{A+B} = e^A \cdot e^B$ であることに注意すれば,

▶ $\beta = 1/kT$

$$z = \sum_{\boldsymbol{n}} \sum_i e^{-\beta\{\varepsilon(\boldsymbol{n}) + \varepsilon(i)\}} = \left\{\sum_{\boldsymbol{n}} e^{-\beta\varepsilon(\boldsymbol{n})}\right\} \cdot \left\{\sum_i e^{-\beta\varepsilon(i)}\right\} \quad (1)$$

したがって,並進運動だけを考えたときの分配関数,および内部運動だけを考えたときの分配関数を

$$z(並進) = \sum_{\boldsymbol{n}} e^{-\beta\varepsilon(\boldsymbol{n})}, \quad z(内部) = \sum_i e^{-\beta\varepsilon(i)}$$

と定義すれば(1)は

$$z = z(並進) \cdot z(内部)$$

となる.つまり並進運動と内部運動はそれぞれ独立に計算すればよい.$z(並進)$ の方は6.2節ですでに計算してあるので,あとは $z(内部)$ を計算すればよいことがわかる.さらに,内部運動のエネルギーも

$$\varepsilon(内部) = \varepsilon(回転) + \varepsilon(振動)$$

のように和で書けるので,同じ論法で

$$z(内部) = z(回転) \cdot z(振動)$$

となる.

8.2 振動の分配関数

> **ぽいんと**
>
> 実際の気体に対しては，少なくとも常温以下では，振動よりも回転の寄与が大きい．しかし振動のほうがより厳密な計算ができるので，まず振動を例にとって議論を進める．一般に振動は，振幅があまり大きくなければ単振動で表わされる．そして単振動のエネルギーは，量子力学では等間隔に並ぶことがわかっている．そのことを使って分配関数を計算する．また気体の状態方程式は，内部運動には依存しないことも示す．
>
> キーワード：単振動のエネルギー

■単振動の量子力学

2つの原子が結びついて，その間の距離 x が，ある値 x_0 に等しいときにポテンシャルエネルギーが最小だとする．$x = x_0$ が安定な位置だということである．そして，分子全体の回転は考えず，2つの原子を結んだ直線上で，安定点よりも近づいたり遠ざかったりするという振動を考えよう．

力学の一般的議論から，振動があまり大きくなく，ポテンシャルの安定点 $x = x_0$ 付近でのみで運動する場合は，力は $x = x_0$ からのずれに比例するといえる．つまりこの問題は，自然長が x_0 のバネの運動と同じになる（図1）．力学で単振動（あるいは調和振動），量子力学では調和振動子と呼ばれている．

図1 2原子分子の振動の模型

古典力学で考えれば，距離が x_0 に固定されているときに2原子はエネルギー最小の状態となり，振動の幅を少しずつ連続的に上げていくと，それに応じてエネルギーも連続的に増えていく．

しかし原子の問題を扱うには古典力学では不十分であり，正しくは量子力学で考えなくてはならない．量子力学の計算によると，単振動（調和振動子）のエネルギーは連続的ではなく離散的に変化する（並進運動の場合も，容器が有限ならばエネルギーは離散的に増える．4.6節参照）．そして，最小エネルギー状態を0番目としたとき，i 番目の状態のエネルギーは，

$$\varepsilon(i) = \hbar \omega i \quad (i = 0, 1, 2, \cdots) \tag{1}$$

となる．ただし

$$\hbar \equiv h/2\pi \quad (h \text{ はプランク定数})$$

であり，また ω はこの振動の角振動数で，分子の種類により異なる定数である（バネ定数 k で質量が m の単振動の場合は，$\omega = 2\pi\sqrt{k/m}$.）

▶ 0番目の状態のエネルギーがゼロとなるようにエネルギーの基準点を選んでいる．ポテンシャルの最小点のエネルギーをゼロとしたときには，本来は(1)に $\hbar\omega/2$ という，いわゆる零点振動のエネルギーを加えなければならない．しかし以下の議論には，すべてに共通のエネルギー $\hbar\omega/2$ は無視しても影響はない．

■分配関数

各状態のエネルギーがわかったので，分配関数はすぐ計算できる．実際

$$z(\text{振動}) = \sum_{i=0}^{\infty} e^{-\beta \varepsilon(i)}$$

▶ $e^{-i\beta\hbar\omega}=(e^{-\beta\hbar\omega})^i$,
$1+x+x^2+\cdots=1/(1-x)$

$$= 1+e^{-\beta\hbar\omega}+e^{-2\beta\hbar\omega}+\cdots$$
$$= 1/(1-e^{-\beta\hbar\omega}) \tag{2}$$

となる．これは1分子の振動の分配関数であるから，N 個の分子からなる気体全体の分配関数 Z は

$$Z = z^N = (1-e^{-\beta\hbar\omega})^{-N} \tag{3}$$

となる(6.2節参照)．

■熱力学的諸量の合成式と気体の状態方程式

振動の分配関数が求まれば，振動が熱力学的な諸量にどのような寄与をするかはすぐわかる．実際，分配関数は前節(2)や(3)のように積で表わされるので，その対数は

$$\log z = \log z(並進) + \log z(内部)$$

となる．ところが 6.1 節の公式からわかるように，内部エネルギーにしろ自由エネルギーにしろ $\log z$ に比例しているので，たとえば

$$F = F(並進) + F(回転) + F(振動)$$

というように，各運動の寄与は個別に計算できる．

このため，内部運動の気体の状態方程式への影響もすぐ調べることができる．気体の状態方程式は，たとえば自由エネルギー F を使って

$$P = -\frac{\partial F}{\partial V}\bigg)_T \tag{4}$$

から求めることができる．しかし(2)からわかるように，振動の分配関数は気体の体積には依存しない．したがって(4)の右辺には寄与しない．

これは，振動に限らず，すべての内部運動の特徴である．内部運動のエネルギーが，並進運動とは無関係に分子内部の運動だけで決まるのなら，体積に依存することはありえない．したがって，気体の状態方程式も内部運動には影響されないのである．

■エネルギーと温度

(3)を使えばエネルギーは

$$U = -\frac{d}{d\beta}\log Z = \frac{N\hbar\omega e^{-\beta\hbar\omega}}{1-e^{-\beta\hbar\omega}} \tag{5}$$

と求まる．気体の全エネルギーの振動への分配率は，原理的にはいくつでも構わないが，粒子数が膨大なときは確率により事実上決まってしまう．温度で決まるそのエネルギー値が，(5)なのである．

また，単振動のエネルギー状態(1)は，4.4節で議論したモデルに他ならない．4.4節ではエネルギーの関数として状態数を計算した．それから計算するエントロピーを(5)を使って温度で表わせば，分配関数から求まるエントロピーに一致する(章末問題8.1参照)．

8.3 高温極限・古典力学的計算

ぽいんと

前節で計算した分子の振動の分配関数を使えば，熱力学的諸量を計算することはできる．しかし，そのままでは式が複雑になるので，この節ではまず，温度が高い場合の近似式を求め，並進運動と振動の比較をする．さらに高温極限とは，古典力学的世界であることを示す．

キーワード：高温極限，古典力学的計算，エネルギー等分配の法則

■高温極限

高温極限($T\to\infty$)を考える．**高温極限**とは，系のエネルギー準位の幅よりも温度が十分高い，つまり

$$\beta\hbar\omega = \hbar\omega/kT \ll 1$$

という意味である．このとき

▶$|x|$が小さいときは，$e^x \simeq 1+x$

$$e^{-\beta\hbar\omega} = 1-\beta\hbar\omega+O((\beta\hbar\omega)^2)$$

と近似できるので(8.2.2)より

▶高温極限とは，前節(2)の和の各項がきわめて少しずつ変化する極限なので，和が積分で置き換えられる．すると
$$\int_0^\infty e^{-\beta\hbar\omega i}di = \frac{1}{\beta\hbar\omega}$$
となり，やはり(1)が求まる．

$$z(振動) = 1/(1-e^{-\beta\hbar\omega}) \simeq \frac{1}{\beta\hbar\omega} \quad (1)$$

という簡単な形が求まる．並進運動(6.2.3)より

$$z(並進) \propto \beta^{-3/2}V$$
$$z(振動) \propto \beta^{-1} \quad (2)$$

ということになる．

この近似式を使うと

$$\log z(振動) \simeq -\log\beta + 定数 = \log T + 定数$$

であるから，

$$\begin{aligned}U(振動) &= -N\frac{d}{d\beta}\log z(振動) \simeq kNT \\ C(振動) &= \frac{dU(振動)}{dT} \simeq kN \\ F(振動) &= -\frac{N}{\beta}\log z(振動) \simeq -kNT(\log T + 定数) \\ S(振動) &= -\frac{\partial}{\partial T}F(振動) \simeq kN(\log T + 定数)\end{aligned} \quad (3)$$

という，比較的単純な式が求まる．これに対応する並進運動の寄与は(2)から同様に計算できて

$$U(並進) \simeq \frac{3}{2}kNT, \quad S(並進) \simeq kN\left(\frac{3}{2}\log T + \log\frac{V}{N} + 定数\right) \quad (4)$$

である．(3)と(4)を合わせれば，2.1節で$\alpha=5/2$に対応することがわかるが，実は常温で寄与するのは振動ではなく回転であることを，次節以下

■古典力学的な計算

振動の統計力学を考えるには，量子力学を考えなければ正しい答は求まらない．しかし，ここで説明した高温極限とは，エネルギーがとびとびに（離散的に）変わるという，量子力学の特徴が見えなくなる極限であり，前ページの結果は，まったく古典力学的に考えても導くことができる．

古典力学では，粒子の状態は位置と速度（あるいは運動量）で指定することができる．そこで単振動のある時刻における状態も，相対座標（その自然長からのずれを x とする）と，相対運動の運動量（p とする）で表わそう．するとそのエネルギーは，（相対）質量を M とし，バネ定数を K とすると

$$E = \frac{1}{2M}p^2 + \frac{K}{2}x^2$$

となる．分配関数を計算するには，これに β を掛け，すべての x と p に対して加えればよい．ただし x と p は連続的に変わる量だから，和は積分になる．つまり

$$z = C \int dx \int dp \exp\left(-\frac{\beta}{2M}p^2 - \frac{\beta K}{2}x^2\right)$$

ここで C は比例係数である．この積分は今まで何度も使ってきたガウス積分だから，すぐ計算でき，答は

$$z = C(2M\pi/\beta)^{1/2}(2\pi/\beta K)^{1/2} \propto \beta^{-1} \tag{5}$$

となり，(2)が求まったことになる．

▶古典力学を考えていただけでは，和を積分に直したときの比例係数が決まらないが，それでもエネルギーや，定数部分を除いたエントロピーなどの量は求まる．

■エネルギー等分配の法則

上の単振動に対する議論は，実は，単原子分子の並進運動にも応用できる．この場合，エネルギーは運動エネルギー（ただし3方向）だけだから，

$$z = CV \int dp_x dp_y dp_z e^{-\frac{\beta}{2M}(p_x^2+p_y^2+p_z^2)} = CV\left(\frac{2\pi M}{\beta}\right)^{3/2} \tag{6}$$

となる．ただし V は，位置の積分から出てくる体積である．これも(2)に一致する．

▶単振動の x 積分も，厳密には容器内部だけの積分だが，x が原子のスケールよりも大きくなれば指数関数はほとんどゼロになってしまうので，$-\infty$ から ∞ まで積分してもかまわない．

上の2つの計算を見ると，ガウス積分1回ごとに，z に $\beta^{-1/2}$ という因子がかかることがわかる．したがって，エネルギー U に対しては，積分1回ごとに（1粒子当たり）$kT/2$ が加わることになる．

これを，**エネルギー等分配の法則**と呼ぶ．つまりエネルギーの起源が何であろうとも，1つの運動に対して $kT/2$ だけのエネルギーが与えられるという意味である（単振動は，運動エネルギーとポテンシャルエネルギーがあるので，2倍）．ただし，この原理は，古典力学的に議論できる極限，つまり高温でのみ成り立つものである．

▶熱容量には $k/2$ の寄与をする．1モル当たりでは $R/2$.

8.4 低温極限・運動の凍結

> **ぽいんと**
>
> 次に，低温の極限ではどのようなことが起こるかを考える．低温では気体の全エネルギーが少ないため，分子の振動へ分配できるエネルギーも少ない．あまり少ないと，静止状態（$i=0$）から振動している状態（$i=1$）への移行さえ起こりにくくなる．その結果，振動は熱力学的な諸量に寄与しなくなる．このような事情は他の内部運動についてもいえることで，一般に運動の凍結と呼ばれる．運動の凍結，および高温領域への移り変りを，分配関数を使って計算する．
>
> キーワード：低温極限，運動の凍結，熱力学第3法則，特性温度

■低温極限

低温極限，つまり温度 T が小さい（β が大きい）ときには

$$e^{-\beta\hbar\omega} \ll 1 \tag{1}$$

となるので，エネルギーが大きい状態の存在確率は非常に小さくなる．小ささの程度はエネルギー準位の幅 $\hbar\omega$ が $\beta^{-1}(=kT)$ と比較してどの程度大きいかによって決まる．前節の高温極限は，エネルギー準位の幅が無視できるという状況であった．エネルギーの幅という概念がない古典力学的世界である．一方，この節の低温極限は逆に，準位の幅が重要な量子力学的世界となる．

振動の場合，(1)が成り立っていれば分配関数は

$$z = \frac{1}{1-e^{-\beta\hbar\omega}} \simeq 1 + e^{-\beta\hbar\omega} \tag{2}$$

である．特に $\beta\to\infty$（$T\to 0$）の極限では $z=1$ である．

この式の意味は，分配関数の定義式(8.2.2)を考えれば明らかである．T が小さければ，分配関数の級数の各項が（エネルギー ε の増大により）急速に減少するので，最初の数項だけを考えれば近似的に正しい答が求まる．第1項だけならば $z=1$ となり，第2項まで考えれば(2)となる．

(2)の右辺を使って計算すれば

$$\begin{aligned}
U(\text{振動}) &= -N\frac{d}{d\beta}\log z(\text{振動}) \simeq N\hbar\omega e^{-\hbar\omega/kT} \\
C_V(\text{振動}) &= \frac{\partial U}{\partial T} \simeq N(\hbar\omega)^2 \frac{1}{kT^2} e^{-\hbar\omega/kT} \\
S(\text{振動}) &\simeq \frac{N\hbar\omega}{T^2} e^{-\hbar\omega/kT}
\end{aligned} \tag{3}$$

▶指数が負の指数関数と x^n の積，$x^n e^{-\alpha x}$（$\alpha>0$）は，n がどんなに大きな数であっても $x\to\infty$ のときゼロになる．

■運動の凍結

(3)を見ると，$T\to 0$ ではすべての量がゼロになることがわかる．つまり低温の極限では，振動は熱力学的な量には寄与しない．

▶基底状態は，物質が最も静止している状態である．ただし量子力学的効果を考えれば完全に静止しているわけではない．

すべてが基底状態になれば状態数は1だから，エントロピーはゼロとなる．$T\to 0$ で $S\to 0$ となることを**熱力学第3法則**と呼ぶ．

このことも，すでに述べたことから明らかだろう．一般に，エネルギー最小の状態(基底状態という)と，2番目の状態の確率分布の比(つまり，ボルツマン因子の比)は，エネルギー差を ΔE とすれば

$$e^{-\beta\Delta E} = e^{-\Delta E/kT} \to 0 \qquad (T\to 0 \text{ のとき})$$

である．したがって十分低温ならば，物質の状態はほとんど確実にエネルギー最小の状態，つまり基底状態となる．状態が確定しているので，統計的考察をする必要がない．

これは振動に限らず一般的な話で，**運動の凍結**という．これは，エネルギーは連続的に変わると考える古典力学では理解できない話で，典型的な量子力学的現象である．

■高温領域への移り変り

一般に(振動に限らず)，基底状態と，2番目の状態のエネルギー差を，ΔE とする．そして

$$\Delta E = k\Theta$$

という式を満たす Θ を，この運動の**特性温度**と呼ぶ．$\Theta/T \gg 1$ であれば運動は凍結し，$\Theta/T \ll 1$ であれば前節の古典力学的世界となる．つまり，その運動にとっての，低温と高温の境目の程度を表わすのが特性温度である．

たとえば水素分子の振動の特性温度は約 6000 K である．その程度の温度になると，熱容量 C は前節で計算した値に達する．

今まで内部運動のうち振動を取り上げてきたが，実は次節で議論する回転のほうがより低温で寄与し始める．回転での最小エネルギーの状態と2番目の状態のエネルギー差は，やはり特性温度で表わすと水素分子では 85 K 程度であり，より重い原子からなる分子ではさらに低温になる．

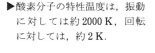
▶酸素分子の特性温度は，振動に対しては約 2000 K，回転に対しては，約 2 K．

結局，並進，回転，振動の寄与を合わせると，気体の熱容量は図1のように変化することになる．

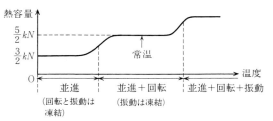

図1 気体の熱容量(2原子分子の場合)

8.5 分子の回転

ぽいんと

今度は，2原子分子の回転に対する簡単な模型を考え，それに基づいて回転の分配関数，および熱力学的な寄与を計算する．分配関数は厳密な形では求まらないので，高温の場合と低温の場合それぞれで成り立つ近似式を求める．振動と同様，低温では回転は凍結し，高温では古典力学的な結果が求まる．

キーワード：回転のエネルギー

■回転運動に対する模型

分子の回転運動を議論するには，分子を剛体として考えるとわかりやすい．たとえば2原子分子の場合は，2つの原子が，曲がったり伸縮したりしない棒でつながっているとみなす．すると可能な運動は，棒全体の回転だけとなる．

このような系のエネルギーは，回転の角運動量ベクトル $\bm{L}$ を使って表わせる．慣性モーメントを I とすれば，**回転のエネルギーは**

$$E = \frac{1}{2I}\bm{L}^2 \tag{1}$$

である（下の注意も参照）．

▶質量が m の2粒子が，長さ r の質量のない棒でつながっているとすれば，（重心の回りの）慣性モーメントは $I=mr^2/2$．またエネルギーの表式は，並進運動のエネルギー $p^2/2m$ との類推（p が $\bm{L}$ に，m が I に対応）で理解すればよい．

量子力学で考えたときに，（有限の容器に入っている）粒子の運動量は離散的であった（4.5節）．これと同様に，角運動量の取りうる値も量子力学で考えると離散的になる．結論だけ記すと，

$$\bm{L}^2 \text{の値} = \hbar^2 i(i+1) \quad (i=0,1,2,\cdots)$$

という形をしており，しかも各 i の状態数は

$$2i+1$$

である．これは，回転の速さは同じだがその向き（回転軸の方向）が異なる状態の数である．

注意 (1)は，たとえば次のように理解することができる．2粒子系の場合（たとえば陽子と電子からなる水素原子），そのエネルギーを与える式は，相対ベクトルを $\bm{r}$，換算質量を $\mu(=m_1m_2/(m_1+m_2))$ とすると

$$E(\text{重心運動は除く}) = \frac{\mu}{2}\left(\frac{d\bm{r}}{dt}\right)^2 + U(|\bm{r}|)$$

である．これを相対距離 $r(=|\bm{r}|)$ と，回転の角運動量を使って書き直すと

$$E = \frac{\mu}{2}\left(\frac{dr}{dt}\right)^2 + \frac{1}{2\mu r^2}\bm{L}^2 + U(r)$$

となる．ここで，相対距離 r が一定だとすると $dr/dt=0$ であり，またポテンシャルエネルギーも定数になるので，エネルギーの差だけを考える限り無視してよく，結局(1)の形が導かれる．

▶$I=\mu r^2$ である．

8 多原子分子の理想気体

■回転の分配関数

各状態のエネルギーが求まったので，分配関数の式が書ける．各 i に対して，$2i+1$ 個の状態があることに注意すると，それは

$$z(\text{回転}) = \sum_{i=0}^{\infty}(2i+1)e^{-\beta\frac{\hbar^2}{2I}i(i+1)} \tag{2}$$

となる．

この式の和を厳密に計算することはできない．そこでまず，高温極限を考えよう．まず，

$$x_i \equiv a \cdot i \quad (a \equiv \sqrt{\beta\hbar^2/2I})$$

とすると

$$z(\text{回転}) = \sum_{x_i=0}^{\infty} \frac{1}{a}(2x_i+a)e^{-x_i(x_i+a)} \tag{3}$$

十分に高温ならば $a \ll 1$ であり，x_i はほとんど連続的に変化するようになる．したがって，(3) の和を積分で置き換えることができて

$$\begin{aligned}z(\text{回転}) &\simeq \frac{1}{a}\cdot\int_0^{\infty}\frac{1}{a}(2x+a)e^{-x(x+a)}dx\\ &= \frac{1}{a^2} = \frac{2I}{\hbar^2}\beta^{-1}\end{aligned} \tag{4}$$

▶ x が 1 増えるごとに (3) の項は $1/a$ 個あるので，和を積分に直すときには $1/a$ を掛ける．また，この積分は，最初から a を無視しても，また厳密に計算しても同じ結果になる．

と求まる．

低温の場合は前節でも議論したように，(2) の最初の数項だけを考えればよい．

■高温極限

▶回転運動の特性温度は低温なので，ここでの議論は常温で通用する．

(4) の，高温での分配関数は，体積には無関係で温度に比例している．この結果は，8.3 節の古典力学的計算でも求まる．分子の，ある軸の回りの回転運動のエネルギーは，その軸を回る方向の角度を θ とすると，

$$E = \frac{I}{2}\left(\frac{d\theta}{dt}\right)^2 = \frac{1}{2I}l^2$$

ただし，l(回転角 θ に対する角運動量)$=I\dfrac{d\theta}{dt}$

▶分配関数は角度 θ と角運動量 l での積分になるが，θ 積分は単なる定数，また l 積分はガウス積分になるので，$\sqrt{2\pi I/\beta}$ (2.3 節の議論から類推せよ)．

と書ける．したがって 8.3 節と同じ議論により $z \propto \beta^{-1/2}$，(2原子分子のように)回転が 2 方向あれば $z \propto \beta^{-1}$ となり (4) に一致し，また，(直線上にはない多原子分子のように)回転軸が 3 方向もあれば $z \propto \beta^{-3/2}$ となる．したがって，回転運動に与えられる 1 粒子当たりの平均エネルギーは，回転軸 1 つ当たり $kT/2$ であり，熱容量に対しては 1 つ当たり $k/2$ の寄与をする．これも，8.3 節のエネルギー等分配の法則に合致した結果である．

章末問題

[8.2節]

8.1 単振動の状態のエネルギー分布は，4.4節のモデルと（E を $E/\hbar\omega$ と置き換えれば）同じものである．(4.4.1)あるいはそれを近似した(4.7.3)から，エントロピーを温度の関数として計算し，分配関数(8.2.3)から計算したものと一致することを示せ．

[8.3節]

8.2 (8.3.3)および(8.3.4)のエントロピーと，断熱過程での関係式(2.1.4)の関連性を説明せよ．

8.3 (8.3.5)の比例係数 C，および(8.3.6)の比例係数 C をどう取れば，量子力学的な計算と一致するか．2つの結果を比較して，共通点を考えよ（量子力学での結果は，それぞれ(8.3.1)と(6.2.3)）．

[8.4節]

8.4 1 cm 四方の立方体に入った酸素分子（分子量を 32 とせよ）の，並進運動に対する特性温度が，ゼロと考えていいほど小さいことを確かめよ．(4.5.4)参照．

8.5 水素原子の電子の，基底状態と2つ目の状態（第1励起状態）とのエネルギー差 ΔE は，約 1.6×10^{-18} J である．これを特性温度に換算せよ（これは，「原子」の内部運動に対する特性温度である）．温度が 5000 K のとき，電子が第1励起状態にある確率を求めよ．

[8.5節]

8.6 水素分子の回転運動の特性温度を 85 K とし，8.5節の議論を使って，水素原子間の距離を評価せよ（水素の原子量を 1.008 とする）．

8.7 (8.5.2)を使って，$T\to 0$ の極限で，熱容量もエントロピーもゼロになることを示せ．

9

化学反応と溶液の性質

ききどころ

　化学反応というのは，2方向のプロセスである．2種の分子が化学反応を起こして別の分子に変化する場合，新たにできた分子がもとの分子に戻るという逆反応も起きる．つまり反応前の状態と反応後の状態が共存することになる．そして，平衡状態ではどのような割合で共存するかということが，まさに典型的な統計力学の問題となる．

　この問題も他の統計力学の問題と同様に，エントロピー効果とエネルギー効果のバランスを考えなければならない．化学反応では，反応前後の状態のエネルギーには差がある．つまりどちらかが，エネルギーの低いより安定な状態である．だからといってすべての分子が安定な状態になってしまうわけではない．それでは状態数が制限されてしまう．状態数つまりエントロピーをかせぐために，エネルギーが高い状態も必ず共存する．そしてその程度を決めるのが，「自由エネルギーが最小」という条件である．

　第5章で，重力を受けた気体分子の分布を計算した．そのとき，系全体の自由エネルギーを最小にするという見方と同時に，上下の容器の気体の(全)化学ポテンシャルを釣り合わせるという見方もできるという話をした．化学反応の場合でも，反応前後の状態の化学ポテンシャルを釣り合わせるという見方もできる．もちろんどちらの見方でも結論は変わりない．しかし化学ポテンシャルで考えると，エントロピーなどが完全に求まらない場合でも，定性的な議論が容易になる．この方法で，溶液の性質，たとえば浸透圧や凝固点降下，沸点上昇といった現象について調べる．

9.1 化学反応(一般論)

> **ぽいんと**
> 2種類の分子が混ざると，それを構成する原子の入れ替えが起こり，別の物質に変化することがある．しかしこの変化は一方通行ではない．ある反応が起こるとすれば，その逆方向の反応も起こる．そして，どの程度まで反応が進んだときに平衡状態となるかを調べるのが，統計力学の問題となる．今までの例と同様に，反応前後の状態のエネルギーの差とエントロピーの差でバランスが決まる．
>
> キーワード：結合(束縛)エネルギー，反応進行度

■化学反応の例

化学反応の例として，次のような過程を考えてみよう．

$$2H_2 + O_2 \longleftrightarrow 2H_2O \tag{1}$$

水素分子2つと酸素分子が衝突し，水の分子2つになる反応である．矢印が両側を向いているのは，その逆反応も起きるからである．

この反応では，右側に反応が進むときに発熱する．左側に進めば吸熱である．H_2O 2つのほうが，静止状態ではエネルギーが低いので，余分のエネルギーが分子の運動エネルギーとなって現われるということである．

▶ H_2O のほうが原子同士の結合力が強い．つまり**結合エネルギー**(**束縛エネルギー**ともいう)が大きい．

一般に化学反応では，反応の片側のほうがエネルギーが低い．だからといって，すべての分子が完全にそちらの状態になるときに確率が最大となるわけではない．両方の状態が適当に混在していたほうがエントロピー(状態数)が大きいからである．そしてどの程度反応が進むと平衡状態に達するかは，統計力学の原理，つまり自由エネルギーが最小という条件で決まることになる．

■化学反応の一般的な表式

任意の反応を統一的に扱うために，化学反応を一般的に表わす方法を説明しておこう．たとえば(1)の反応式を

$$2H_2O - 2H_2 - O_2 = 0 \tag{2}$$

と書き直す．この書き方を一般の反応に拡張すれば，

$$\nu_1 A_1 + \nu_2 A_2 + \cdots = 0 \tag{3}$$

となる．A_i は，H_2 とか H_2O などの分子の種類を表わし，係数 ν_i は1回の反応に関与する分子の数を示す．(2)と同様，ν_i はプラスのときもマイナスのときもある．ν_i がプラスのものは反応後に生じる分子(**生成体**という)で，マイナスのものは反応前の分子(**反応体**という)である．

次に，上の反応に現われる各分子の数を $N_1, N_2, \cdots$ と書く．反応が進むと分子数も変わるが，ある分子の数がいくつか変わると，他の分子の数の変化が決まってしまうことに注意しよう．たとえば反応(1)で H_2 が2つ

減ったとすれば，O_2 も同時に1つ減り，H_2O は2つ増えなければならない．
　一般に(3)の反応が1回起これば，その結果 A_i が ν_i 個増える（$\nu_i<0$ ならば $|\nu_i|$ だけ減る）．つまり反応の進行の程度を表わすには1つの変数だけ決めればよい．そこで**反応進行度** ξ という量を，上の反応が何回起こったかを表わす量と定義する．すると

$$\frac{dN_i}{d\xi} = \nu_i \tag{4}$$

となる．（ξ という量は微分でのみ使われる．だからどこを反応の出発点とするか，つまりどの状態を $\xi=0$ とするかは決める必要がない．）

▶ ξ が $\Delta\xi$ 増すということは，反応が $\Delta\xi$ 回進んだことを意味する．すると A_i の数は $\nu_i\Delta\xi$ 増すから
　　$\Delta N_i = \nu_i \Delta\xi$
である．これより(4)が求まる．

■自由エネルギーの変化

最初は，反応中に温度が一定，体積が一定という状況で，平衡条件を考えてみよう．反応の進行度を決めるのはエネルギーとエントロピーのバランスだが，温度と体積が一定のときにそのバランスを決めるのが，(ヘルムホルツの)自由エネルギー $\mathcal{F}(=E-TS)$ が最小という条件（5.1節）である．今の場合は反応進行度 ξ を変化させたときに最小ということだから

$$\left.\frac{\partial E}{\partial \xi}\right)_{T,V} - T\left.\frac{\partial S}{\partial \xi}\right)_{T,V} = 0 \tag{5}$$

という式となる．

▶化学ポテンシャルを使って考える議論は，9.4節参照．

　まずエネルギー E の部分を考えてみる．反応(3)において，反応体と生成体の結合エネルギーの差により，反応1回当たりエネルギー ε が発生するとしよう．今，温度が一定という状況を考えているので，反応後にも温度が変わらないためには，発生したエネルギー ε を系の外に放出してしまわなければならない．熱浴に吸収させるということである（5.1節参照）．そしてもともと(5.1.3)の E とは，熱浴から失われたエネルギーであるから，熱浴にエネルギー ε が与えられるならば

$$\left.\frac{\partial E}{\partial \xi}\right)_{T,V} = -\varepsilon$$

ということになる．次に，(5)のエントロピー部分を考える．まずエントロピー S は，反応に関与する各物質のエントロピーの和である，つまり

$$S = \sum_i S_i$$

と仮定する．すると，

$$\frac{\partial S_i}{\partial \xi} = \frac{dN_i}{d\xi}\frac{\partial S_i}{\partial N_i} = \nu_i \frac{\partial S_i}{\partial N_i}$$

であるから，結局，平衡の条件(5)は次のように書ける．

$$-\varepsilon - T\sum_i \nu_i \frac{\partial S_i}{\partial N_i} = 0 \tag{6}$$

▶ $\varepsilon>0$ ならば発熱反応であり，また $\varepsilon<0$ であれば吸熱反応である．

▶ ε を定義するには，反応前後の分子の状態を指定しなければならない．ここでは，T および V が一定という条件でそれが与えられていることに注意．

▶これは，理想気体とか希薄溶液ならば成り立つ．希薄溶液については9.4節参照．

9.2 化学反応(理想気体)

> **ぽいんと**
>
> 前節で導いた平衡条件の式を,理想気体間の化学反応に適用する.反応の進行度は,反応前の物質と,反応後の物質の密度の比によって決まることがわかる.これは化学平衡の法則,あるいは質量作用の法則と呼ばれる.その比の値を決めるのが,標準自由エネルギーという量である.
> キーワード:**標準エントロピー**,**標準エントロピー変化**,**分圧**,**質量作用の法則**(**化学平衡の法則**),**標準自由エネルギー変化**

■理想気体の反応の平衡条件

一般の理想気体のエントロピーは,単原子分子の場合の(4.9.9)に,内部運動の寄与がある可能性を加えて,

▶ $h = 2\pi\hbar$

$$S = kN\left\{\log\frac{V}{N} + \log\frac{(2\pi MkT)^{3/2}}{h^3} + \frac{5}{2} + c(\text{内部})\right\} \quad (1)$$

と書ける.ただし c(内部)は,分子の内部運動の多様性からくるエントロピーであり温度のみの関数(第8章参照)だが,具体的な形はここでの議論には必要ない.

ここで,実際の計算上の便宜を考えて,粒子数をモル単位で考えることにする.つまり,アボガドロ数を N_A とし分子のモル数 m は

$$m = N/N_A$$

▶ $N_A = 6.02 \times 10^{23}$,
$R = 8.31$ J/K.

である.これと気体定数 $R = kN_A$ を使えば,(1)は

$$S = mR\log\frac{V}{mRT} + m\tilde{S}(T)$$

$$\text{ただし,}\ \tilde{S}(T)/R \equiv \log(kT)^{5/2} + \log\frac{(2\pi M)^{3/2}}{h^3} + \frac{5}{2} + c(\text{内部}) \quad (2)$$

と書ける.$\tilde{S}$ は,$mRT/V\ (= P(\text{圧力}))$ が 1(気圧)の場合の,1モル当たりのエントロピーになるように定義された量である.これを**標準エントロピー**と呼ぶ.(この節では,何度も「標準」という言葉を使うが,すべてこの条件における量を指す.)

▶「標準」と名のつく量には~を付ける.

この式を前節(6)に使うために,モル数 m で微分すれば

$$\frac{\partial S}{\partial m}\left(= N_A\frac{\partial S}{\partial N}\right) = R\log\frac{V}{mRT} - R + \tilde{S}(T)$$
$$= -R\log n - R\log RT - R + \tilde{S}(T)$$

である.ただし $n\ (\equiv m/V)$ はモル密度である.

これを使うと,前節(6)に N_A を掛けた式は,各分子に対する量に添字 i を付けて表わすことにすれば

$$\Delta\bar{E} + RT\sum\nu_i\log n_i + RT\Delta\nu\log RT + RT\Delta\nu - T\Delta\tilde{S} = 0$$

ただし，
$$\Delta \tilde{E} \equiv -N_A \frac{\partial E}{\partial \xi} = -N_A \varepsilon \tag{3}$$
$$\Delta \nu \equiv \sum_i \nu_i, \quad \Delta \tilde{S} \equiv \sum_i \nu_i \tilde{S}_i$$

と書ける．ここで $\Delta \nu$ は，反応が1回起きたときの全分子数の変化であり，また $\Delta \tilde{S}$ とは，この反応で，1気圧の気体がすべて ν_i モルずつ反応したときの，全エントロピーの変化量である．これを，この反応における**標準エントロピー変化**と呼ぶ．

■質量作用の法則

(3)は，$\nu_i \log n_i = \log n_i^{\nu_i}$ より
$$RT \log(n_1^{\nu_1} \cdot n_2^{\nu_2} \cdots) = -\Delta \tilde{G} - RT\Delta\nu \log RT$$
ただし，$\Delta \tilde{G} \equiv \Delta \tilde{E} - T\Delta \tilde{S} + RT\Delta\nu \tag{4}$

▶ G という記号を使った理由は，下の説明を参照．

のように書ける．したがって，
$$n_1^{\nu_1} \cdot n_2^{\nu_2} \cdots = e^{-\frac{\Delta \tilde{G}}{RT}} (RT)^{-\Delta\nu} \tag{5}$$

となる．右辺は，温度だけの関数である（各分子の密度には依らない）ことに注意しよう．これを**質量作用の法則**（あるいは**化学平衡の法則**）と呼ぶ．

(5)の左辺は密度を ν_i 乗しているが，反応前の分子（反応体）に対しては ν_i はマイナスであるから，反応前後の分子の密度の積の比になっていることに注意しよう．たとえば前節の(2)だったら，(5)の左辺は

▶ $n(H_2O)$ で，H_2O のモル密度を表わす．

$$\frac{n^2(H_2O)}{n^2(H_2) \cdot n(O_2)}$$

で与えられる．つまり質量作用の法則とは，反応体と生成体の密度の積の比が，温度だけで決まることを示す法則である．

(5)は各気体の密度の間の関係であるが，分圧の間の関係として表わすとさらに単純な形になる．分圧とは各気体だけを考えたときの圧力であり

▶分圧の合計が，気体全体の圧力である．

$$P_i(\text{分圧}) = \frac{m_i RT}{V} = n_i RT$$

であるから，これを(5)に代入すれば
$$P_1^{\nu_1} \cdot P_2^{\nu_2} \cdots = e^{-\frac{\Delta \tilde{G}}{RT}} \quad (\equiv K(T)) \tag{6}$$

▶ K を**圧平衡定数**と呼び，これに $(RT)^{-\Delta\nu}$ を掛けた数を**濃度平衡定数**と呼ぶこともある．

となる．この K を**平衡定数**と呼ぶ．

また，(4)に G という記号を使ったのには意味がある．まず，各分子が ν_i モル反応したときの，全モル数の変化 Δm は
$$\Delta m = \Delta\nu \ (= \sum_i \nu_i)$$
である．これがゼロでない場合，温度は一定にしたまま気体の圧力を一定に保つためには体積を増減しなければならない．そのときの仕事は
$$P\Delta V = \Delta(mRT) = RT\Delta\nu$$

▶ギブスの自由エネルギーとは，$G = E - TS + PV$ であったから，T と P が一定のときは
$$\Delta G = \Delta E - T\Delta S + P\Delta V$$

これは(4)の第3項に他ならない．つまり $\Delta \tilde{G}$ は，この反応における**標準（ギブス）自由エネルギー変化**と呼ぶべき量であることがわかる．

9.3 化学平衡の具体例

> **ぽいんと**
>
> 前節で求めた理想気体間の化学反応の平衡条件を使って，いくつかの具体例を検討してみよう．エネルギーの効果，エントロピーの効果がどのように現われるかを考察する．特に反応前後で分子数が変化するときの特徴に注目しよう．また平衡定数を計算するために有用な，標準生成自由エネルギーという概念を説明する．
> キーワード：標準生成自由エネルギー，生成と解離，解離度

■平衡定数と標準生成自由エネルギー

前節で求めた質量作用の法則(5)より，平衡条件についてさまざまなことがわかる．まず最初は，反応前後の分子数が変化しない場合の例として

$$H_2 + Cl_2 \longrightarrow 2HCl$$

を考えてみよう．(5)を具体的に表わすと

$$\frac{n^2(HCl)}{n(H_2)\cdot n(Cl_2)} = \exp\left(-\frac{\varDelta\tilde{E}-T\varDelta\tilde{S}}{RT}\right) (\equiv K)$$

となる．まず，これは発熱反応だから $\varDelta\tilde{E}<0$（9.1節参照）で，反応を HCl 側に進める役割をする．ただし温度が上昇すれば，その効果は減少することもわかる．また，分子数が変わらず，すべて2原子分子なので各分子のエントロピーには大差はなく，$\varDelta\tilde{S}$ の効果は小さい．

具体的に平衡定数 K を決めるには，反応ごとの標準自由エネルギー変化 $\varDelta\tilde{G}(=\varDelta\tilde{E}-T\varDelta\tilde{S}+P\varDelta\tilde{V})$ を知らなければならない．これは実際には実験により求めねばならないが，すべての反応に対して個別に知る必要はない．まず，各分子 i に対する**標準生成自由エネルギー** $\varDelta\tilde{G}_i$ というものを，「その分子1モル(1気圧)を，成分である元素から生成するときの $\varDelta\tilde{G}$」として定義し，これを実験より決めておく．すると，

$$\varDelta\tilde{G} = \sum \nu_i \varDelta\tilde{G}_i$$

である．

▶反応体をいったん元素に戻し，それから生成体を作ると考えればよい．

▶標準生成自由エネルギーは25℃で(単位 kJ/モル)
HCl：-95.3, CO：-137.3,
CO_2：-394.4, H_2O：-228.6
$R = 8.31$ J/K

▶ $K = \exp\left(-\dfrac{\varDelta\tilde{G}}{RT}\right)$

(a)では，圧倒的に右向きに反応が進み，(b)はその逆であることがわかる．

例題 次の気体反応に対する，25℃での平衡定数を計算せよ．

(a) $H_2 + Cl_2 \longrightarrow 2HCl$

(b) $H_2 + CO_2 \longrightarrow CO + H_2O$

[解法] (a) $RT = 8.31 \times (273+25) = 2.48 \times 10^3$ (J)

H_2 や Cl_2 は元素だから $\varDelta\tilde{G}_i = 0$．したがって，$\varDelta\tilde{G} = 2\varDelta\tilde{G}(HCl) = -2 \times 95.3 \times 10^3$ (J/モル)より，

$$\varDelta\tilde{G}/RT = -76.9 \Rightarrow K = 2.4 \times 10^{33}$$

(b) 同様に，

$$\varDelta\tilde{G} = -228.6 - 137.3 + 394.4 = 28.5 \text{ (kJ)} \Rightarrow K = 1.0 \times 10^{-5}$$

■解離と平衡の移動

エントロピーの効果がはっきりわかるのは，反応前後で分子数が変わる場合である．これは特に，生成とか解離と呼ばれる現象で現われる．

$$2H_2+O_2 \longrightarrow 2H_2O$$
$$H+H \longrightarrow H_2$$

それぞれ，水の生成，水素分子の（水素原子からの）生成である．この生成反応を逆向きに考えれば，**解離**という現象になる．

たとえば水素分子の生成・解離を例に取ると（$\Delta\nu=-1$ だから）

$$\frac{n(H_2)}{n^2(H)} = RT\cdot\exp\left(-\frac{\Delta\tilde{E}-T\Delta\tilde{S}-RT}{RT}\right)$$

まず，指数関数の部分だけ考えてみよう．生成は発熱反応だから $\Delta\tilde{E}<0$. しかし分子数は減っているので，$\Delta\tilde{S}<0$. つまり高温になると，エネルギー効果がエントロピー効果に対して相対的に減り，解離が進む．

しかし，より重要なエントロピーの効果は他の部分にある．まず，実際に関心があるのは，水素分子と，解離した水素原子の割合であることに注意しよう．そしてそれは，

$$\frac{n(H_2)}{n(H)} = n(H)RTe^{-\Delta\tilde{G}/RT}$$

と表わされる．ここで，温度を一定にしたまま体積を増やしたとしよう．すると密度は減少するから右辺の $n(H)$ が減り，水素分子の割合 $n(H_2)/n(H)$ は減ることになる．もともと，この式の密度の因子はエントロピーの寄与なので，これもエントロピー効果といえる．理想気体の1粒子当たりのエントロピーは体積が増えると増すので，粒子数が多い解離した状態のほうが，エントロピーが大きくなれるからと考えればよい．

▶体積が増えれば，粒子が存在できる場所が増えるので，状態数も増える．量子力学的に考えれば，エネルギー準位の幅が減少するからである．

▶**解離度**とは，解離している分子の割合．
　　$H+H \longrightarrow H_2$
のときは
$$解離度 = \frac{n(H)/2}{n(H_2)+n(H)/2}$$
$n(H)$ は，H 分子2つ分の密度だから，2で割る必要がある．

例題 水素分子は1気圧，2000 K で 0.12% 解離している．全圧が 1/1000 気圧のときの解離度を求めよ．

[解法] 1気圧のときはほとんど解離していないから，圧力が1気圧のときは分圧は $P(H_2)\simeq 1$ 気圧，$P(H)=0.0024$ 気圧とする（H_2 が1つ解離すれば H は2つできる）．したがって，平衡定数 K は

$$K = \frac{P(H_2)}{P^2(H)} = 1.74\times 10^5$$

全圧が 0.001 気圧のときは

$$P(H_2)+P(H) = 0.001, \quad P(H_2) = KP^2(H)$$
$$\Rightarrow KP^2(H)+P(H)-0.001 = 0 \Rightarrow P(H) = 7.3\times 10^{-5}$$
$$\therefore 解離度 = \frac{P(H)/2}{P(H_2)+P(H)/2} = 3.8\%$$

9.4 希薄溶液の化学ポテンシャル

ぽいんと

前節までは，エネルギー効果とエントロピー効果を釣り合わせるという見方で平衡条件を考えたが，化学ポテンシャルの釣り合いという見方でも同じ式が求まる．反応前の物質と，反応後の物質を分けて考え，それぞれの化学ポテンシャルを釣り合わせるという立場である（5.4節参照）．この節では，前節までの議論をこのような見方で考え直し，それが溶液の問題にどう応用できるかを考える．

キーワード：希薄溶液，溶媒，溶質

■化学ポテンシャルの釣り合い

化学平衡は，反応進行度 ξ の変化に対して自由エネルギーを最小にするという条件で決まる（9.1節）．反応が（9.1.3）のように表わされているときには，

$$\sum_i \nu_i \frac{\partial F_i}{\partial N_i}\bigg)_{T,V} = 0$$

▶ヘルムホルツの自由エネルギーを使うときには，体積を一定として微分し，ギブスの自由エネルギーを使うときには圧力を一定として微分する．
$$\sum \nu_i \frac{\partial G_i}{\partial N_i}\bigg)_{T,P} = 0$$
これからも，(1)が求まる．

となる．ところで，自由エネルギーを粒子数で微分した量が化学ポテンシャルであるから，この式は

$$\nu_1 \mu_1 + \nu_2 \mu_2 + \cdots = 0 \qquad (1)$$

と書ける．反応体と生成体を分けて書けば，これは化学ポテンシャルの，反応前後の釣り合いの式に他ならない．

ここまでは一般論である．以下，物質が理想気体であるとして話を進めよう．化学ポテンシャルというのは，1粒子当たりの（ギブスの）自由エネルギーであることを5.5節で説明した．そして特に理想気体の混合の場合，全自由エネルギーは，各分子が純粋であるときの自由エネルギー（pure という添字で表わす）の和で書け，

▶エネルギーもエントロピーも同じ性質をもつから．

$$G = \sum G_i^{\text{pure}}(T, P_i, N_i) = \sum_i N_i \mu_i^{\text{pure}}(T, P_i)$$

したがって，これを各 N_i で微分して求める化学ポテンシャルも，純粋のときと変わりはない．ただし変数である圧力は，各分子の分圧 P_i でなければならない．

ところで温度と圧力で表わしたときの化学ポテンシャルの圧力依存性は，$kT \log P$ である．そこで，前節までと同様に1気圧を基準に考えれば，

$$\mu_i(T, P_i) = \mu_i(T, P=1 \text{気圧}) + kT \log P_i \qquad (2)$$

▶理想気体の化学ポテンシャルは
$$\mu = kT \log(n/n_Q)$$
である（章末問題5.4）．ただし，ここでは
$$n \equiv N/V \propto P$$
▶$\sum \nu_i N_A \mu_i (1\text{気圧}) = \Delta \tilde{G}$

これを(1)に代入し，全体にアボガドロ数を掛けてモル単位で考えることにすれば，これは（9.2.6）に他ならない．つまり質量作用の法則が求まったことになる．

■希薄溶液の化学ポテンシャル

(2)が，質量作用の法則を導くうえでの基本であるが，理想気体以外の一般の場合には，成り立つとは限らない．しかし希薄溶液の場合はこれと同じタイプの形が導けることを示そう．

希薄溶液とは，ある液体（溶媒と呼ぶ）の中に，少量の別の物質（溶質と呼ぶ）が溶けている状態である．溶媒の分子数を N_1，溶質の分子数を N_2 としよう（$N_1 \gg N_2$）．この溶液のギッブスの自由エネルギー G がどのような形をしているかを考えてみる．まず溶質がまったくないときの G を

$$G = N_1\mu_0(T,P) \quad (N_2=0 \text{ のとき})$$

と表わす．μ_0 は純粋の溶媒の化学ポテンシャルである．

次に，溶質の分子を1個加えたときの G を

$$G = N_1\mu_0(T,P) + g(T,P,N_1) \quad (N_2=1 \text{ のとき})$$

と表わそう．g が，溶質分子1個当たりの G の変化分である．これは一般には溶媒にも依存するので，N_1 の関数になる．

溶質の分子が N_2 個加わったときには，2つの効果を考えなければならない．まず，溶質の分子数は少ないと仮定しているので，加えた分子は，1つずつ独立に寄与すると考えていいだろう．N_2 個加わったのだから，$N_2 g$ だけの増加が見込まれる．第2に，加えた分子がすべて同じものならば，同種粒子効果を考えなければならない．この効果によりエントロピーには $-k\cdot\log N_2!$ という効果が現われるので，G には $kT\cdot\log N_2!$ という項が生じる．ここでスターリングの公式(3.3.2)を使うと，結局，少量の溶質を加えた溶液の自由エネルギーは

$$G = N_1\mu_0(T,P) + N_2 g(T,P,N_1) + kTN_2(\log N_2 - 1) \quad (3)$$

という形になる．

ここでさらに G が示量変数であることを使おう．G を，温度，圧力，そして粒子数 N_1 と N_2 で表わしたとき，示量変数は N_1 と N_2 だから，$x \equiv N_2/N_1$ とすると，$G = N_1 G_1(T,P,x) + N_2 G_2(T,P,x)$ という形に必ず書けるはずである．(3)の第3項単独ではこのような形をしていないが，第2項と組み合わせてこの形にできるはずである．実際

$$G = N_1\mu_0(T,P) + N_2 \bar{g}(T,P) + kTN_2 \log N_2/N_1$$

とすればよい．これより化学ポテンシャルを計算すると

$$\begin{aligned}\mu_1 &= \frac{\partial G}{\partial N_1} = \mu_0 - kT\frac{N_2}{N_1} \simeq \mu_0 + kT\log(1-x) \\ \mu_2 &= \frac{\partial G}{\partial N_2} = (\bar{g}+kT) + kT\log x\end{aligned} \quad (4)$$

となり，気体の場合の分圧 P_i と x の関係を考えれば，これは x 依存性に関しては(2)の形になっている．

▶ $-k\cdot\log N_2!$ という項は混合のエントロピーの一部だとも考えられる．

▶ 分配関数 Z で考えれば，エントロピー，ヘルムホルツ，ギッブスの自由エネルギーなど $\log Z$ という項を含む量にはすべて，このタイプの項が生じることがすぐわかる．しかし $\log Z$ を温度で微分して求める内部エネルギーのような量には，このタイプの項は現われず，希薄な溶質の効果は N_2 に比例した項だけである．

▶ $\bar{g}$ は g から決まる関数．

▶ $|x|\ll 1$ のとき，
$\log(1-x) \simeq -x$

▶ $x \propto P_2$，$1-x \propto P_1$

9.5 浸透圧・沸点上昇・凝固点降下

> **ぽいんと**
> 前節で導いた化学ポテンシャルを使って，希薄溶液に関するいくつかの物理的性質を調べる．
> キーワード：半透膜，浸透圧，沸点上昇，凝固点降下

■浸 透 圧

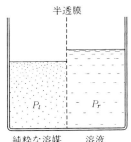

図1 半透膜

図1のように，少量の溶質を含む溶液と，溶質を含まない純粋の溶媒が，膜をへだてて接触しているとする．溶質の分子が大きいので，この膜は溶媒の分子は自由に通すが，溶質は通過させないとする．（このような膜を**半透膜**と呼ぶ．生物の細胞膜など，自然界には豊富に存在している．）

この場合には図1に示したように，溶液側の液面が上昇する．力学的には，この現象は次のように理解できる．膜の左右では，溶媒の分子の出入りが釣り合わなければならないが，溶液側は溶質の分だけ溶媒の密度が減少しているので，液面が上昇し圧力を増すことによってそれを補っている．

この現象は，エントロピーということからも説明できる．7章でも述べたように，異なった物質はできるだけ混じり合い，エントロピーを増やそうとする．今の場合は，溶媒はできるだけ溶質のある右側に移り，混じり合おうとする．それと，できるだけ液面を平らにしようとする圧力の効果とのバランスで，液面のずれが決まる．

実際にどれだけ液面がずれるかは，前節の化学ポテンシャルを使えば求まる．溶媒の粒子の出入りに対して，膜の左右が釣り合っているのだから，溶媒に対する化学ポテンシャルが等しいということが条件となる．左右での圧力を P_l, P_r とすれば，この条件は前節(4)より

$$\mu_0(T, P_l) = \mu_0(T, P_r) - kTx \quad (x \equiv N_2/N_1)$$

である（ただし，$x \ll 1$ とした）．圧力差が微小だとしてこれを変形すれば

▶ $\mu_0(T, P_l) - \mu_0(T, P_r)$
$\simeq \left.\dfrac{\partial \mu_0}{\partial P}\right)_T (P_l - P_r)$

$$\left.\frac{\partial \mu_0}{\partial P}\right)_T (P_r - P_l) \simeq kTx$$

となるが，

$$N_1 \left.\frac{\partial \mu_0}{\partial P}\right)_T = \left.\frac{\partial G_0}{\partial P}\right)_T = V$$

であるから，

$$\Delta P \equiv P_r - P_l = kTN_2/V \tag{1}$$

▶ 理想気体の状態方程式と同じ形をしている．

という結果が求まる．この式の左辺，つまり圧力差 ΔP のことを，**浸透圧**と呼ぶ．浸透圧は N_2/V，つまり溶質分子の密度に比例していることがわかる．

■沸点の上昇・凝固点の降下

塩水は，水より沸騰しにくく凍りにくいという性質がある．これは，溶質である塩が，蒸気のなかにも氷のなかにも出てこない，つまり液体である水のなかにとどまるという性質に起因する．物質は混合することによりエントロピーを増そうとするので，混合できる液体の状態にできるだけとどまろうとするからである．

この問題も前節の化学ポテンシャルの式を使えば，具体的な計算ができる．ここでは，沸騰の場合を考える．沸点では，溶液と純粋な気体の溶媒（溶質は気化しないと仮定しているので）とが共存している．つまり，溶液中の溶媒と，純粋な気体の溶媒の化学ポテンシャルが等しくなければならない．純粋な場合の化学ポテンシャルを，液体，気体の場合にそれぞれ μ_l, μ_g と書くと

▶ $x (\ll 1)$ は溶質の濃度．

$$\mu_l(T) - kTx = \mu_g(T)$$

という式が，沸点 T を決める条件式となる（圧力は等しい）．一方，溶質がまったく溶けていない純粋な溶媒の沸点 T_0 を決める式は

$$\mu_l(T_0) = \mu_g(T_0)$$

である．両式の差を取り少し変形すると，

$$\{\mu_l(T) - \mu_l(T_0)\} - \{\mu_g(T) - \mu_g(T_0)\} = kTx$$

$$\Rightarrow \left(\frac{\partial \mu_l}{\partial T} - \frac{\partial \mu_g}{\partial T}\right)(T - T_0) \simeq kTx \qquad (2)$$

となる．ところで一般に

$$N\frac{\partial \mu}{\partial T}\bigg)_P = \frac{\partial G}{\partial T}\bigg)_{P,N} = -S$$

であるから，(2)の左辺は N_A をアボガドロ数とすれば

$$TN_A\left(\frac{\partial \mu_l}{\partial T} - \frac{\partial \mu_g}{\partial T}\right) = T\{S(液体) - S(気体)\}\bigg|_{1モル} \qquad (3)$$

ところで，この右辺は，1モルの物質が液体から気体になるときの熱の移動 $T\Delta S$ に他ならない．一般に物質は，液体が気体になるときは熱を吸収し（**蒸発熱**あるいは**気化熱**），液体が固体になるときは熱を発生する（**融解熱**）．1モルあたりの蒸発熱を L と表わすと，(2)と(3)より

▶総称して**潜熱**と呼ぶこともある．

$$T - T_0 \simeq kTx\left(\frac{N_A T}{L}\right) = \frac{RT^2}{L}x \qquad (4)$$

と表わせる．蒸発熱がプラスであるかぎり，溶質の濃度 x に比例した沸点上昇が起こることがわかる．

液体が凝固する場合も，溶媒の固体中には溶質が入り込めないとすれば，まったく同じ議論が使える．ただし液体が固体になるときは，熱を発生する．つまりこの場合は $T - T_0 < 0$ となり，凝固点は純粋溶媒よりも下がる．

9.6 溶液中の反応・電解質

ぽいんと

9.4節で導いた，希薄溶液における化学ポテンシャルを使い，溶液内での溶質の化学平衡を議論する．理想気体と同様の平衡条件（化学平衡の法則）が求まる．これを使って，溶液中の電解，pHなどという概念を説明する．

キーワード：溶液中の質量作用の法則，質量モル濃度，電離定数，電離度，強(弱)電解質，**pH**，弱酸

■溶液中の質量作用の法則

溶液中に何種類かの溶質が溶けており，各溶質iの化学ポテンシャルが，その濃度をx_iとしたとき，(9.4.4)つまり

$$\mu_i(T, x_i) = \mu_i(T, x_i = 1) + kT \log x_i \tag{1}$$

という形で表わせるとしよう．iの化学式をA_iと書き，これらの溶質が反応

$$\nu_1 A_1 + \nu_2 A_2 + \cdots = 0$$

を起こすとすれば，平衡条件は(9.4.1)である．これに(1)を代入すれば，

溶液中での質量作用の法則

$$x_1^{\nu_1} \cdot x_2^{\nu_2} \cdots = K \tag{2}$$

が求まる．ただし，この場合の平衡定数Kは，温度と，系全体の圧力に依存する．$[A_i]$と書いて，溶液1 kg中の溶質iのモル数（**質量モル濃度**とよぶ）を示すことにすれば(2)は

$$[A_1]^{\nu_1} \cdot [A_2]^{\nu_2} \cdots = K$$

という形に書ける．

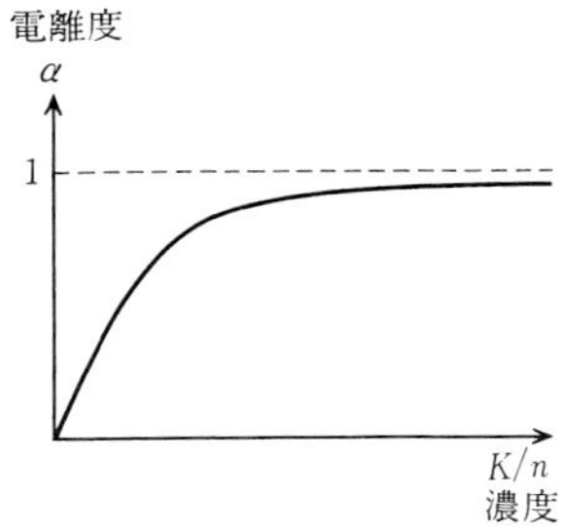

▶希薄な極限以外では(1)は成り立つとは限らないので，一般には

$$\mu(x) = \mu + kT \log a$$

と書いてaを活動度と呼ぶ．aは物質ごとに異なる，xの関数である．

■電解質

溶液中で起こる典型的な反応は，電気的に中性な分子がイオンに分解するという現象である．たとえば

$$NaCl \longrightarrow Na^+ + Cl^-$$

$$CHCOOH \longrightarrow H^+ + CHCOO^-$$

これらを一般的に$AB \longrightarrow A^+ + B^-$と表わすと

$$\frac{[A][B]}{[AB]} = K \tag{3}$$

となる．**電離度**（分解しているABの割合）をαとし，分解していないとしたときのABの濃度をnとすれば，(3)は

$$\frac{(\alpha n)^2}{(1-\alpha)n} = K \quad \Rightarrow \quad \frac{\alpha^2}{1-\alpha} = \frac{K}{n}$$

となる（図1参照）．図1からすぐにわかるように，濃度nが小さいほど

図1 電離度αの変化

▶(3)の平衡定数Kを，特に**電離定数**と呼ぶこともある．

電離度が大きくなる(1に近づく). これは, 9.3節で議論した, 気体の解離と同じ現象である. ただし電離定数 K が大きければ, 濃度が多少変わって電離度はほぼ1である. これは上の NaCl の場合に相当し, **強電解質** と呼ばれる. 逆の例が下の酢酸で, 希薄になると急激に電離度が増す. このような物質を**弱電解質**と呼ぶ.

▶強電解質か弱電解質かは, 溶媒の種類にも依る. 溶媒がアルコールのときは酢酸も強電解質となる.

■水素イオン指数(pH)

水の中では

$$2\,H_2O \longrightarrow H_3O^+ + OH^-$$

という反応が起こっている. ただし, その割合はきわめて小さいので, H_2O のほうの変化はほぼ一定だと考えて無視し,

$$[H^+][OH^-] = K_0 \text{ (定数)}$$

という化学平衡が成り立っていると考えることができる. また

$$\mathrm{pH} \equiv -\log_{10}[H^+] \tag{4}$$

という量を定義し, **水素イオン指数**(ペーハー)と呼ぶ.

▶H_3O^+ というイオンを, 単に H^+ と表わし, **水素イオン**と呼ぶ.

水の中に他の物質が溶けていて, その電離により水素イオン, あるいは水酸イオンが供給されれば, pH も変化する. 水素イオンのほうが多ければ**酸性**, 水酸イオンのほうが多ければ**アルカリ性**である. しかし, 純粋の水の場合, $[H^+]=[OH^-]$ だから, pH は平衡定数から決まっていて

$$\mathrm{pH} = -\log_{10}\sqrt{K_0} \simeq 7$$

である.

▶$K_0 \simeq 10^{-14}$ である.

■酸・塩基の水溶液

HA という物質が, 水の中で

$$\mathrm{HA} \longrightarrow H^+ + A^-$$

という電離を起こすとする. 平衡条件は, 電離定数を K とすれば

$$\frac{[H^+][A^-]}{[HA]} = \frac{(n\alpha)^2}{n(1-\alpha)} = K$$

ここで, α は電離度, n は HA が電離していないとしたときの濃度である. ただし, 水の電離による H^+ は無視できるとする. これを使えば, $[H^+]$ が求まるが, 特に弱電解質($\alpha \ll 1$)のときは

$$[H^+] = n\alpha \simeq \sqrt{nK}$$

だから,

$$\mathrm{pH} = -\frac{1}{2}(\log_{10}K + \log_{10}n)$$

となる.

章末問題

[9.2節]

9.1 章末問題 5.7 を使って，平衡定数の温度微分を，標準エンタルピー変化 $\varDelta \tilde{H}(=\varDelta \tilde{G}+T\varDelta \tilde{S}=\varDelta \tilde{E}+P\varDelta \tilde{V})$ を使って表わせ．$\varDelta \tilde{H}$ が温度によらないとして，その式を積分せよ．($\varDelta \tilde{H}$ は反応熱とも呼ばれ，$\varDelta \tilde{G}$ に比べ温度依存性が少ない．)

9.2 圧力が一定の状態で反応が起きたとき，熱が吸収されるか発熱するかは，$\varDelta \tilde{H}$ の符号で決まることを説明せよ．発熱反応のときの $\varDelta \tilde{H}$ の符号はどうなるか(分子単位で見たときのエネルギーの出入りは，もちろん ε の符号で決まる)．また発熱反応に対して温度を上げれば，平衡状態はどちらに動くか．

[9.3節]

9.3 $AB \to A+B$ という解離反応の，解離度が α，全圧が P のときの平衡定数を求めよ．また $A_2 \to A+A$ のときの平衡定数はどうなるか．違いがでる直観的な理由を考えよ(A, B とは任意の原子．ただし $A \neq B$)．

[9.5節]

9.4 比重が $1(\mathrm{g/cm^3})$，質量比(溶質の質量の割合)が x の希薄溶液の浸透圧が P のとき，溶質の分子量を求めよ．

9.5 液体が空気と接触しているとき，空気中にはその一部が蒸発する．その蒸気の圧力を**蒸気圧**と呼ぶ．液体中に溶質が溶けているとき，その粒子濃度を $x (\ll 1)$ とすれば，蒸気圧 P は $1-x$ に比例することを示せ．ただし，この蒸気は，理想気体のように振舞うとする．

9.6 質量モル濃度が n の希薄溶液の凝固点降下が $\varDelta T$ のとき，$\varDelta T/n$ を**凝固点降下定数**と呼ぶ．凝固熱が $6.01\,\mathrm{kJ/モル}$ であることを使って，水の凝固点降下定数を計算せよ(水の分子量は 18 とせよ)．

[9.6節]

9.7 質量モル濃度が $0.1\,\mathrm{モル/kg}$ の電解質 AB の水溶液の凝固点が，$-0.2°\mathrm{C}$ であった．この電解質の電離度はいくつか．ただし，水の凝固点降下定数を $1.86\,\mathrm{K\,kg/モル}$ とせよ．

9.8 電離度の小さい弱塩基 BOH の pH の，(9.6.4)に対応する式を求めよ．

9.9 (1) 弱酸 HA と強塩基 BOH が反応してできた塩 BA は，水溶液中で
$$A^- + H_2O \longrightarrow HA + OH^-$$
という反応を起こすのでアルカリ性となる(**加水分解**と呼ぶ)．この溶液の pH を，塩の質量モル濃度(n とする)と加水分解係数(α とする)を使って表わせ(加水分解係数とは，上の反応が右側に進む割合)．ただし H_2O の分解による OH^- は少ないので無視してよい．

(2) この結果を，加水分解係数の代わりに，弱酸の電離定数 K
$$K \equiv \frac{[H^+][A^-]}{[HA]}$$
を用いて表わせ．ただし $\alpha \ll 1$ としてよい．

10 相転移

ききどころ

　物質には，固体，液体，気体という状態がある．固体とは，原子が比較的秩序正しく並び，強く結びついている状態である．エネルギーは低いが，原子の配列に制限が付いているので，エントロピー(状態数)は小さい．液体と気体は原子が乱雑になっている状態で，固体とは逆にエネルギー的には損をするが，エントロピーが大きいので統計力学的には得をする状態である．ただし気体と液体には，粒子の密度に大きな違いがある．このような，大きな違いがある状態がなぜ実現するのか，またどのような場合に，状態の移り変わり(相転移と呼ぶ)が起きるのかを考える．今まで平衡状態を決めるのに使ってきた，自由エネルギー最小という条件が基本である．

　またある種の物質は，低温では永久磁石になるが，ある程度高温になるとその性質が失われる．これも相転移の一種であるが，液体・気体の相転移とは異なった特徴をもっている．この問題も，自由エネルギーを考えることにより議論できる．

10.1 固体・気体の相転移のモデル

> **ぽいんと**
>
> まず，この節では，液体という相の存在は忘れ，気体と固体の相転移を考える．気体とは，分子がばらばらになり互いに無関係に運動している状態である．また固体とは，分子が凝集し規則正しく配列している状態である．それぞれの特徴を表わす，ごく単純化したモデルを考え，どのような状況で相転移が起こるかを調べる．
>
> キーワード：相転移，相図，共存曲線，共存相

■気体と固体のモデル

気体については，単原子分子の結果をそのまま使うこととする．

固体はその特徴を考え，熱力学的諸量を次のように決める．まず，固体とは粒子が凝集した相である．つまりその体積は，（同粒子数の）気体に比較して非常に小さい．そこで話を簡単にするため

▶氷の体積は水蒸気の約 1300 分の 1 である．

$$V(固体) = 0$$

とする．また固体は，凝集することにより，互いに引力を及ぼし合ってポテンシャルエネルギーの低い状態になった相である．そこで，固体中の粒子 1 つ当たり，内部エネルギーが $\varepsilon(>0)$ だけ小さくなると仮定する．つまり，固体中の粒子数が N_s のとき，内部エネルギー U は

▶$s =$ solid（固体）

$$U(固体) = -N_s \varepsilon$$

であるとする．

さらに固体とは，粒子が規則正しく配列した相である．その配列の様子が完全に 1 通りに決まっていれば，多重度は 1 だから，エントロピー S はゼロである．現実には並んでいる粒子が振動をするので，エントロピーが完全にゼロとはならない（11.3 節参照）が，ここでは単純化して

$$S(固体) = 0$$

と仮定する．以上 3 つの式を使って，固体・気体の相転移を調べてみよう．

■熱平衡の条件

体積 V の容器に，粒子を N 個入れる．また固体になる粒子数を N_s 個，気体になる粒子数を N_g 個とする．

$$N_s + N_g = N \text{（一定）}$$

である．

「温度が決まっているとき，いくつの粒子が気体になるか」という問題を，自由エネルギーが最小という条件から求めよう．エネルギーを小さくするためには固体になったほうがよいが，エントロピーを大きくするためには気体になったほうがよい．その 2 つの条件のバランスのとれた状態を

10 相転移

決めるわけである．

上で与えた固体に関する量，および単原子分子の理想気体に対する量 (4.9.9) を使えば，自由エネルギー $F(=U-TS)$ は

$$F = -N_s\varepsilon + \frac{3}{2}kN_gT - kN_gT\left(\log\frac{Vn_Q}{N_g} + \frac{5}{2}\right)$$

$$\left(n_Q \equiv \frac{(2\pi MkT)^{3/2}}{h^3}\right)$$

と表わされる．これを最小にするには

$$\frac{dF}{dN_g} = \varepsilon - kT\log\frac{Vn_Q}{N_g} = 0$$

でなければならない．これを変形すれば

$$N_g = Vn_Q e^{-\varepsilon/kT} \tag{1}$$

となる．この解が意味をもつには，もちろん

$$N_g \leqq N \tag{2}$$

でなければならない．この条件が成り立っていれば (1) が平衡条件となる．また，この条件が成り立たなければ，$N_g = N$ が解となる．つまりすべての粒子が気体になった状態である．

圧力は $-\partial F/\partial V$ より求まる．(2) が成り立っていれば

$$P = \frac{kN_gT}{V} = kTn_Q e^{-\varepsilon/kT}$$

となるし，成り立たなければ，$P = NkT/V$ である．

■相　図

以上，求めたことを図で表わしてみよう．どの領域が気体となり，どの領域が固体となるかを示す図であり，**相図**と呼ばれる．気相と固相の境界が，相転移が起きる部分であるが，それは曲線（**共存曲線**）で表わされる場合と，広がった領域（**共存相**）で表わされる場合がある．

まず，体積と温度の図で表わすと図1(a)のようになる．すべてが気体となるための条件は

$$V\frac{(2\pi MkT)^{3/2}}{h^3}e^{-\varepsilon/kT} \geqq N$$

であるから，これで共存相と気体相との境界が決まる．温度が高かったり，体積が大きければすべてが気体となる．当然の結果であろう．

体積と圧力の図，温度と圧力の図も同様に求まる．2相の境界線は，上の式に $P = NkT/V$ を代入すれば求まる．

▶ n_Q は**量子濃度**と呼ばれ，章末問題 5.4 や 6.2 でも登場した．

▶ $N_s + N_g = $ 一定より

$$\frac{dN_s}{dN_g} = -1$$

▶ (1) は固体の化学ポテンシャル $(-\varepsilon)$ と気体の化学ポテンシャル $(kT\log n/n_Q)$ が等しいということからも導かれる．

▶ 気体と固体が共存しているときは，力学的釣り合いから圧力 P は等しい．また P は体積 V に依らない．体積を変えても，共存の割合が変われるので，P は一定に保たれる．

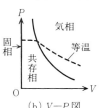

図1　3つの相図

10.2 ファン・デル・ワールス理論

ぽいんと

今度は，液相のことを考える．液体とは，粒子が不規則に動いているが，気体と異なり凝集した状態である．どちらも不規則な状態なので，気体をそのまま縮めると液体になるようにも思えるが，たとえば水の場合は，通常の圧力下では変化は不連続的（相転移）である．その理由を，ファン・デル・ワールス理論というもので考える．連続的に変わっていく一連の状態が存在はしているのだが，現実に起こる熱平衡状態は不連続なのである．この節ではまず準備として，ファン・デル・ワールス理論での自由エネルギーを説明する．
キーワード：ファン・デル・ワールス理論，分子間力，平均場近似，ファン・デル・ワールスの状態方程式

■ファン・デル・ワールス理論

気体のことを考えるのに，今までは理想気体という仮定を用いて計算をしてきた．各粒子がお互いに力を及ぼし合わないで運動すると仮定した上での計算であった．

粒子が十分希薄ならば，そのような仮定をしてもほぼ正しい結果を得ることができる．しかし気体をどんどん圧縮していくと，誤差も当然大きくなる．そして，気体から液体へのつながりまでを考えるときには，粒子間の力も当然重要な働きをすると予想される．

▶ van der Waals (1837-1923)，オランダの物理学者．

現実の気体を表わす理論として，ファン・デル・ワールス理論というものがある．理想気体の理論に直観的な修正を加え，粒子間の力の効果を含めたものである．理想気体からのずれを簡単な原理により説明した理論だが，気体を非常に圧縮した状態にまでこの理論を適用すると，気相・液相の相転移が起こる理由，その性質などをうまく説明することができる．

▶ ただし，相転移に関しては定量的に精度のいい理論ではない．

■分子間力

分子間には，近距離で力が働いている．その力には 2 つの特徴がある．まず第一に，分子の大きさ程度の近距離では，強い斥力が働く．これは 2 つの物体をぶつけるとはねかえるのと同じ現象である．つまり分子は，他の分子の内部には入り込みにくい．

第二の特徴は，その強い斥力の領域の外側では，弱い引力が働いているということである．つまり 2 つの分子は，互いの相手の内部に入り込まない程度に近づいているときに一番エネルギーの低い状態にあることになる．

この 2 つの効果を，理想気体の式に取り入れるにはどうしたらよいかを考えてみよう．まず，分子 1 つの体積を b とする．分子が N 個あるとすれば，全体積は Nb である．ところで上の第一の効果により，この部分には分子は入り込めない．つまり，各分子にとって動き回れる部分の体積は，容器の全体積を V とすると $V - Nb$ となる．そこで理想気体に関する諸式

の中で
$$V \to V - Nb$$
という置き換えをすることにする.

次に, 第二の効果について考えよう. 容器全体から Nb の部分を除いてしまえば, 残りは引力である. ポテンシャルエネルギーが負の領域である. つまり 1 つ 1 つの分子は, 他の $N-1$ 個の分子の作る負のポテンシャルの中を運動していることになる(図1).

ここで, **平均場近似**と呼ばれる, 統計力学でよく知られた近似法を使うことにしよう. この近似法では, 残りの $N-1$ 個の分子は, 問題にしている 1 つの分子の位置に関係なく一様に分布していると仮定される. つまり問題にしている分子は, 他の分子の作る「一定」の, つまり平均化された負のポテンシャルの中を運動していることになる.

1 つの分子の作るポテンシャルの, 中心の b の部分を除いた, 容器全体での積分を $-2a$ とする. a はプラスであり, また 2 を付けたのは便宜上のためである. すると, 容器中の平均ポテンシャルは, 単位体積当たりに分子が N/V 個あるので
$$(-2a) \times N/V$$
となるだろう.

したがって, このポテンシャルによる分子 N 個全体のエネルギーの補正は
$$\Delta U = \frac{1}{2} \times N \times (-2a) \times \frac{N}{V} = -a\frac{N^2}{V}$$
となる. 分子間の力を 2 度数えないように, 2 で割っている. そしてこれを, 内部エネルギー(あるいは自由エネルギー)に対する補正だとする. 以上, 2 つの変更を理想気体の式に施したのが, **ファン・デル・ワールス理論**である.

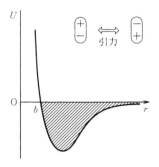

図1 分子間のポテンシャル U. 分子間力は引力だが, $r \simeq b$ に壁がある. 斜線部分の面積を $2a$ とする(r は分子間の距離).

▶ ただし, この引力はごく近距離でしか働かない. 力の起源は, 分子間の影響により, 各分子が電気双極子になるからである.

■ファン・デル・ワールスの状態方程式

以上の変更を, 単原子分子の理想気体の自由エネルギーに対して行なうと
$$F = -kNT\left\{\log\left[\frac{V-Nb}{N}\frac{(2\pi MkT)^{3/2}}{h^3}\right] + 1\right\} - a\frac{N^2}{V} \qquad (1)$$
となる. 自由エネルギーを体積で微分すれば, 圧力が求まるから
$$P = -\frac{\partial F}{\partial V}\bigg)_{T,N} = \frac{kNT}{V-Nb} - a\frac{N^2}{V^2} \qquad (2)$$
$$\Rightarrow \left(P + a\frac{N^2}{V^2}\right) \cdot (V - Nb) = kNT$$

これを, **ファン・デル・ワールスの状態方程式**と呼ぶ.

▶ 多原子分子ならば(1)に温度の関数が加わるが, 状態方程式には寄与しない.

▶ モル単位で a, b を定義し ($aN^2 \to am^2$, $bN \to bm$),
$\left(P + a\frac{m^2}{V^2}\right)(V - mb) = mRT$
とする文献も多い.

10.3 体積と圧力の関係

> **ぽいんと**
> ファン・デル・ワールス理論における体積と圧力の関係を調べると，体積と温度が適当な範囲にある場合，特定の体積に対してさまざまな圧力が可能であることがわかる．そこで自由エネルギーが最小という条件を使って，実際に実現する状態を決める．この状態は，2つの相の共存状態であることがわかる．

■圧　力

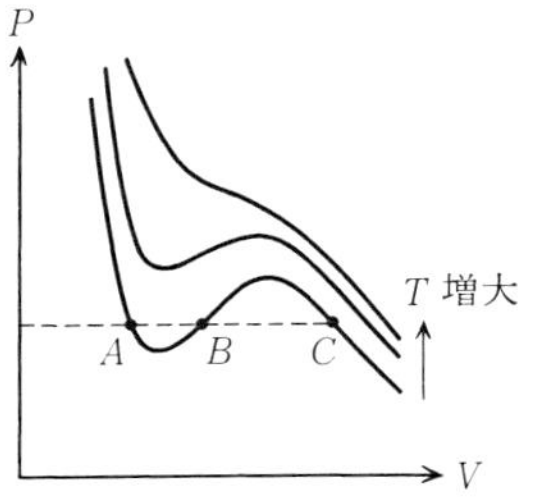

理想気体では，一定温度では圧力と体積は反比例していた．しかしファン・デル・ワールス理論では前節(2)からわかるように，複雑な振舞いを示す．特に重要なのは，この式の右辺第2項であり，密度が大きくなると分子間引力が増し，かえって圧力が低下するという効果を表わしている．この効果は，第1項と比較すると，特に温度の低いときに顕著であることがわかる．

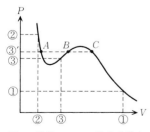

図1　ファン・デル・ワールス理論での等温曲線

一定温度での体積と圧力の関係をグラフで表わすと図1のようになる．温度が高ければ単調に減少するが，温度が低いときには分子間引力のため，途中に山をもつ．このようなときは，1つの圧力に対して3つの状態が対応する．以下，この節では，どのような状態が自由エネルギーを最小にするかという問題を考える．結論を先に述べると，A は液体，C は気体に対応し，B は現実には実現しない状態である．また温度が上がると，圧力が決まれば体積も必ず決まる．これは液体と気体の区別が無くなるということを意味する(説明は次節)．このような温度では，圧力あるいは体積を変化させたとき，液体と気体は連続的に変化する．

■状態の共存

温度，体積，分子数が決まっているときに，どのような状態が現実に実現するのかを考えよう．温度はそれほど高くなく，圧力対体積のグラフは途中に山があるとする(図2)．

まず体積が十分大きく，グラフ上で横軸①の位置にあったとすると，圧力は縦軸の①と決まる．あるいは体積が十分小さく②の位置にあるときは圧力は②である．

図2　状態が1つに決まる場合(①と②)と，決まらない場合(③)

複雑なのは，体積が③の付近にあったときである．単純に考えれば圧力は③である．しかし，少しずれた圧力③′にすることもできる．同じ圧力③′をもつ3つの状態(A, B, C)を適当に共存させることにより，合計で体積③にすればよい．単に全体積を③にするためだけならば，圧力はかなり適当にずらすこともできる．(注意：異なった状態を共存させるときは，

10 相転移

力学的な安定性より，少なくともそれらの圧力は等しくなければならない．)

■自由エネルギー

では，無限個の可能性の中のどの状態が現実に実現するのだろうか．それは今までの例と同様，自由エネルギーが最小になるという条件から決まる．

ある温度での自由エネルギーのグラフを見てみよう(図3)．圧力のグラフが山をもつような温度の場合は，自由エネルギーのグラフにはこぶがある．

▶自由エネルギーの体積による微分が，圧力であったことを思い出そう．

まず仮に，体積 V のときに圧力が P であったとする．すると共存できる状態は3つある．まず，中央の状態 (B) は無視して考えよう(中央の状態を取り入れても自由エネルギーを下げられないことが後でわかる)．体積を V にするには，左右の状態に全粒子を $a:c$ の割合に分け

$$a+c=1$$
$$aV_A+cV_C=V$$

という式が成り立つようにすればよい．このとき自由エネルギーは示量変数だから

$$F=aF_A+cF_C$$

と書ける ($F_A\equiv F(V_A)$ などと書く)．これらの式より

$$\frac{F_A-F}{F-F_C}=\frac{V-V_A}{V_C-V}=\frac{c}{a}$$

となることがわかる ($F=(a+c)F$ などを使えば求まる)．つまり F は，V-F 図で A と C を結んだ直線の，体積が V であるときの縦軸の座標である．

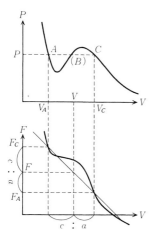

図3 P を決めたときの V の分割と F の値

これは，圧力をある値 P としたときの自由エネルギーの値である．P を変えて F を最小にするには，V-F 図で直線をできるだけ下にもってくればよい．それには，この直線がグラフの下側の2つのこぶに接するようにすればいいことはすぐわかるだろう(図4)．そして，$F(V)$ の傾きが圧力なのだから，この接線の傾きが，その体積での圧力になる．また B の点は明らかにこの接線より上にある．したがって，B の状態を組み合わせても自由エネルギーは低くはならない．

状態を共存させずに1つの状態だけだとすれば，自由エネルギーは $F(V)$ となる．これは図2で，体積③に対して圧力を③に選んだ場合に対応するが，明らかに $F(V)>F$ (図4)であり，自由エネルギー最小という条件を満たさない．

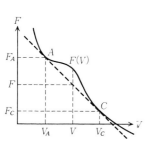

図4 F を最小にする分割方法

注意 この接線によって状態 A と状態 C を決めるということは，実は，A と C での化学ポテンシャル μ を等しくするという条件と同等である．次節の(1)参照．

10.4 液体・気体の相転移

前節の議論により,全体積がある範囲内にあると,全体が同じ状態にあるよりも2つの異なった状態が共存していたほうが,自由エネルギーが低くなることがわかった.これは液体と気体が共存した状態と考えることができる.このような解釈のもとに,液体と気体の相転移に関する諸性質を調べる.

キーワード:マクスウェルの規則,流体,臨界点,三重点

■気体から液体への相転移

前節でわかったことをまとめる.圧力のグラフに山ができる程度の,あまり高くない温度に保ったまま,気体の体積を減らしていったときに何が起きるかを考えよう.

まず前節の図4のように,一定温度での自由エネルギーのグラフの,下向きの2つのこぶに接するような接線を引く.そして接点の体積 V_A, V_C を決める.それは

$$\frac{F(V_C)-F(V_A)}{V_C-V_A} = \frac{\partial F(V_A)}{\partial V} = \frac{\partial F(V_C)}{\partial V} \ (\equiv -P_0) \qquad (1)$$

▶(1)を変形すれば
$F(V_A)+P_0 V_A$
$=F(V_B)+P_0 V_B$
両辺はギッブスの自由エネルギー $G(=N\mu)$ だから,粒子数が等しければ μ が等しいという条件だともいえる.

という条件を満たしている.

まず,体積が V_C より大きかったら,その体積に対応する状態は1つしかない.つまり全部が気体となっている.温度を一定に保ったまま体積を減らしていき V_C より小さくなると,全体は V_C に対応する状態と V_A に対応する状態に分離する.さらに全体の体積を減らしていくと,V_A に対応する状態の比率が増える.これは気体から液体への変化(液相から気相への相転移)が進行していると解釈できる.そして全体の体積が V_A になったときにすべてが液体となる.また,相転移が起きているときの圧力は一定で,(1)の P_0 になる.

■マクスウェルの規則

上に述べたように,自由エネルギーのグラフより接線を使って相転移の起こる体積(V_A と V_C)がわかる.圧力対体積のグラフを使っても,以下の定理を考えれば求めることができる.

定理(マクスウェルの規則) ある温度において相転移が起こる圧力を P_0 とすると,斜線の付いた2つの部分の面積は等しい(図1).

[証明] V_A と V_C の間の,圧力のグラフと横軸で挟まれた部分の面積は

$$\int_{V_A}^{V_C} P dV = -\int_{V_A}^{V_C} \frac{\partial F}{\partial V} dV = -\{F(V_C)-F(V_A)\} \qquad (2)$$

である.また V_A と V_C の間の,$P=P_0$ という水平線と横軸で挟まれた長

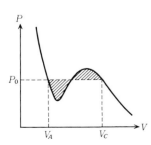

図1 相転移が起こる圧力 P_0

方形の面積は，相転移の条件(1)を使うと
$$P_0(V_C - V_A) = -\{F(V_C) - F(V_A)\} \tag{3}$$
で(2)に等しい．(2)と(3)の差が，図1の斜線部分の面積の差だから，これは定理が正しいことを意味している．(証明終)

■相　図

温度を上げていくと，圧力対体積のグラフは上に上がっていくとともに，こぶがなくなる（前節図1参照）．つまり液体と気体の相転移が起こらなくなり，液体と気体のはっきりした区別がなくなる．

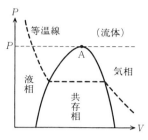

図2 液相と気相の相図

そのことを考えた上で，圧力対体積の図の中で，液体と気体の領域を示すと，図2のようになる．圧力が P 以上では気体と液体の区別はなくなり，体積を変化させたとき状態は連続的に変化する．このような状態はもはや気体とも液体とも言えず，単に**流体**とでも呼ぶべき状態である．**A点を臨界点**と呼び，その位置はファン・デル・ワールスの状態方程式より

$$P = \frac{a^2}{27b^2}, \quad V = 3Nb, \quad kT = \frac{8a}{27b} \tag{4}$$

と求まる（章末問題10.4参照）．

■圧力一定での相転移

今までは，温度を一定にし体積を変えていったときの，相転移の議論であった．我々が日常で，水は100°Cで沸騰するというときには，圧力を1気圧に保ち温度を変化させたときの相転移を考えている．

このような，圧力を一定にしたときの相転移をわかりやすく図示するには，圧力対温度の図を考えるとよい．この図では，共存領域は1つの曲線（共存曲線）で表わされる．気体と液体が共存しているときは，（温度が一定ならば）体積を変化させても圧力は変わらないからである．そしてこの曲線は，図2の点Aに対応するところでとぎれる．

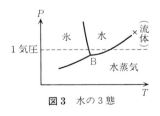

図3 水の3態

図3に，水の場合の相転移の概略図を示す．固体(氷)になる部分も書き加えてある．縦軸に1気圧に相当する位置を示す．その気圧のもとで温度を上げていくと，固体(氷)から液体(水)，そして気体(水蒸気)となることがわかる．また点Bより低い気圧では液体状態がなく，固体から気体に直接移り変わる．点Bのことを，3つの状態が共存できる状態なので**三重点**と呼ぶ．

10.5 潜熱（クラウジウス・クラペイロンの公式）

ぽいんと

液体から気体への変化では，体積が非連続的に変化するのみならず，エントロピーも非連続的に変化する．気体のほうがエントロピーが大きいので，液体から気体に変わるときは熱の吸収，逆の変化では熱の放出が起きる．これを潜熱と呼ぶ．

また，相転移の温度は圧力とともに変わるが，その変化率は潜熱と関係している．クラウジウス・クラペイロンの公式と呼ばれる，この関係式を導く．

キーワード：潜熱，クラウジウス・クラペイロンの公式

■ 潜　熱

ファン・デル・ワールス理論でのエントロピーは，自由エネルギー F を温度で微分すれば求まる．結果は，理想気体のエントロピーの体積の部分を修正するだけでよく

$$S = kN \log(V-Nb) + (T, N \text{のみに依存する項})$$

となる．同じ温度での気体と液体を比較すると気体のほうが体積が大きいのでエントロピーも大きい．そして気体が液体に変化すると，エントロピーが減った分だけ熱が発散される．それを**潜熱**と呼び，1モル当たりの潜熱を L と表わすと

▶潜熱を $\mathit{\Delta}'Q$ とすると
$\mathit{\Delta}'Q = T\mathit{\Delta}S$

$$L = T\{S(\text{気体}) - S(\text{液体})\}\Big|_{1\text{モル}} = RT \log \frac{V_C - N_A b}{V_A - N_A b} \quad (1)$$

である．潜熱とは，相転移においてかなり一般的に起こる現象で，たとえば気体から固体への相転移でも発生する．状況に応じて，気化熱，液化熱，固化熱（凝固熱），昇華熱（固体と気体間の相転移の場合）などと呼ばれる．逆方向の相転移の場合は，同量の熱の吸収となる．

潜熱の由来を考えてみよう．まず，内部エネルギーの変化に対する一般的な関係式から考えると，

▶ $T\mathit{\Delta}S = \mathit{\Delta}U + P\mathit{\Delta}V$

$$L = T\{S(\text{気体}) - S(\text{液体})\} = \{U(\text{気体}) - U(\text{液体})\} + P(V_C - V_A) \quad (2)$$

である．つまり潜熱とは，内部エネルギーの変化と，体積の変化に必要な仕事の和であることがわかる．ファン・デル・ワールス理論での内部エネルギーは

$$U = U(\text{理想気体}) - \frac{N^2 a}{V}$$

であるから，体積の小さい液体のほうが小さい．また気体から液体に変わると体積が減るので外部から仕事を受けたことになる．その分のエネルギーも発生するので，この場合は(2)の右辺のどちらの項も，潜熱にプラス

の寄与をすることがわかる．

■クラウジウス・クラペイロンの公式

相転移の起こる状態は，温度対圧力のグラフでは曲線（共存曲線）で表わされる．この曲線が満たす微分方程式が，潜熱を使うと簡単な形で表わされる．

相転移が起きているときは，2相が共存している．つまり2相間の粒子のやりとりが平衡状態になっているということであり，化学ポテンシャルの釣り合いの式が使える．粒子数が同一のときのギッブスの自由エネルギーが等しいといってもよい．つまり，

$$G_1(T,P,N) = G_2(T,P,N) \qquad (3)$$

ただし，2つの相を区別するために添字1,2を付けた．（ヘルムホルツの自由エネルギーで書けば

$$F_1 + PV_1 = F_2 + PV_2$$

であるが，これは(10.4.1)に他ならない．）

▶1粒子当たりのギッブスの自由エネルギーが，化学ポテンシャルである．

(3)を温度で微分してみよう．ただし，この式が成り立つ共存曲線上に沿っての微分である．共存曲線上では温度が変わるとき圧力も変わるので，圧力も温度の関数であるとして微分しなければならない．（実際，温度に対する圧力の変化率を求めるのが目的である．）まず

$$\frac{dG}{dT} = \frac{\partial G}{\partial T}\Big)_P + \frac{dP}{dT}\frac{\partial G}{\partial P}\Big)_T = -S + V\frac{dP}{dT}$$

であるから，

$$-S_1 + V_1\frac{dP}{dT} = -S_2 + V_2\frac{dP}{dT}$$

$$\Rightarrow \quad \frac{dP}{dT} = \frac{S_1 - S_2}{V_1 - V_2} = \frac{L}{T(V_1 - V_2)}$$

となる．ただし $L = T(S_1 - S_2)$ は潜熱である（これを1モル当たりの発生熱として定義したときは，分母も1モル当たりの体積とする）．これが**クラウジウス・クラペイロンの公式**である．相転移に対する一般的な条件から求めた式なので，ファン・デル・ワールス理論に限らず，不連続的に起こる他の相転移（たとえば気体と固体，固体と液体）に対しても成り立つ式である．

▶Clausius(1822-1888)，ドイツの理論物理学者．Clapeyron(1799-1864)，フランスの物理学者．
▶この公式が使えない，潜熱も体積変化もない相転移もある．次節参照．

気体から液体，あるいは気体から固体への相転移の場合は体積は減少し，熱も発生するので，共存曲線の傾きはプラスである．しかし H_2O の場合，液体（水）から固体（氷）へ相転移するとき，熱は発生するにもかかわらず，体積は少しだが増加する．そのため共存曲線の傾きはマイナスとなる．いずれも前節の図3における共存曲線の傾きと一致している．

10.6 強磁性体の模型

> **ぽいんと**
>
> 7.5節で常磁性体というものを説明した．それは外部から磁場をかけると，より多くの電子のスピンが磁場の方向を向くようになり，物質全体として磁化が生じる物質である．そのときの議論では各電子と磁場の間に働く力だけを考え，電子間の力は無視した．しかし一般には，隣接する原子に所属する電子間には力が働いており，互いのスピンの向きに影響を及ぼす．もしその力が，互いのスピンを同じ方向に向けるように働くとしたら，物質全体でスピンの向きがある方向に偏り，(外から磁場をかけなくても)磁化が生じる可能性がある．このような現象を**自発磁化**と呼び，自発磁化が起こる可能性がある物質を**強磁性体**という．通常，永久磁石と呼ばれているものである．
>
> このような物質の性質も，統計力学の典型的な問題となる．電子のスピンがすべて同じ方向を向いたほうがエネルギーは低くなるが，状態が決まってしまうのでエントロピーは損をする．したがって，高温ではエントロピーの効果がまさり自発磁化は消滅し，通常の常磁性体のように振る舞う．この節ではまず，平均場近似という手法を使って，このような物質の自由エネルギーを求める．(強磁性から常磁性への相転移は，次節で議論する．)
>
> **キーワード**：強磁性体，自発磁化，平均場近似

■平均場近似

常磁性体の場合，スピンの向きを自由に変えられる電子が，各原子当たり通常1つずつあり，その電子のスピンの向きにより全体の磁化が決まる．言葉を節約するため，その電子のスピンのことを，(それが所属する)原子のスピンと呼ぶことにする．

▶同じ対を2度数えないように 2 で割る．

たとえば，ある原子のスピンに対して，隣接する n 個の原子から力が働くとしよう．全部で原子が N 個あるとすれば，合計 $nN/2$ 対の原子の間に力が働いていることになり，それらを厳密に取り扱うことは非常にむずかしい．そこで計算を簡単にするために，ファン・デル・ワールス理論でも考えた平均場近似というものを使う．

隣接する原子のスピンが，同じ向きになるように力が働いているとする．向きが同じときにエネルギーが小さくなるということである．たとえば，隣接するすべての原子のスピンが上向きだったとき，スピンの向きの上下 ($\pm$ で表わす) に応じて，その原子のもつエネルギーが

▶つまり，上向きスピン同士は $-J/n$，上向き，下向きスピン間は $+J/n$ のエネルギーをもつとする．

$$\varepsilon_{\pm} = \mp J \quad (J\text{ は正の定数})$$

であるとする．隣接した原子のスピンがすべて下向きだったら符号は逆であり，周囲に上下両方のスピンがあるときは，その割合に比例したエネルギーをもつこととする．

▶ここでは，2つのスピンが平行か反平行である場合しか考えていない．このような模型を**イジング模型**と呼ぶ．

ここで，隣接するスピンのどれくらいが上向きか下向きかという割合について次のような仮定をする．

「各原子に隣接する n 個の原子のスピンの方向の割合は，その物質の

全原子のスピンの方向の割合に等しい」

これは，スピンが上下どちらに向くかという割合が，物質のいたる所で一定であるという仮定で，これがこの問題における**平均場近似**である．現実には，各原子のスピンがどちらを向くかにより，その周囲のスピンが影響を受け，平均値からずれる．つまり平均場近似は厳密には正しくないが，それでも物質の大まかな性質は理解でき，統計力学でよく使われる基本的な手法である．

このように仮定すると，原子のスピンによるエネルギーは，物質全体のスピンの平均値から決めることができる．物質の全原子数を N，そのうちスピンが上向きのものの数を N_+，下向きのものの数を N_- とする．すると，たとえばスピンが上向きの原子がもつエネルギー ε_+ は，

$$\varepsilon_+ = -J\left(\frac{N_+}{N} - \frac{N_-}{N}\right)$$

である．ε_- はもちろんこの逆符号である．したがって，物質全体のエネルギーはこれを足し合わせ

▶ここでも 1/2 を掛けておくことに注意．

$$E = -\frac{1}{2}N_+ J\left(\frac{N_+}{N} - \frac{N_-}{N}\right) - \frac{1}{2}N_- J\left(\frac{N_-}{N} - \frac{N_+}{N}\right)$$

となる．ここで，等分配からのずれを

$$N_+ = \frac{N}{2} + s, \quad N_- = \frac{N}{2} - s$$

のように s で表わせば

$$E = -2\frac{J}{N}s^2 \tag{1}$$

となる．

■自由エネルギー

温度が決まっているときの上下のスピンの割合は，自由エネルギー $\mathscr{F}$ が最小という条件より決まる．スピンの上下によるエントロピーは，混合エントロピーで表わされ（(3.3.4)参照）

▶N 個のものが上下どちらを向くかという問題だから，第3章の，分子が左右どちらの部分にあるか，あるいは 7.8 節の，高分子の各リンクがどちらを向くかという問題と同じである．

▶$\tanh x \equiv \dfrac{e^x - e^{-x}}{e^x + e^{-x}}$, $x=0$ のときは $\tanh 0 = 0$

$$S = -\frac{kN}{2}\left\{\left(1+\frac{2s}{N}\right)\log\left[\frac{1}{2}\left(1+\frac{2s}{N}\right)\right] + \left(1-\frac{2s}{N}\right)\log\left[\frac{1}{2}\left(1-\frac{2s}{N}\right)\right]\right\} \tag{2}$$

である．自由エネルギーは(1)と(2)より $\mathscr{F} = E - TS$ で求まる．そして $\mathscr{F}$ を最小にする s を決めるために，これを s で微分し，ゼロとおくと，

$$4J\frac{s}{N} = \log\frac{1+\dfrac{2s}{N}}{1-\dfrac{2s}{N}} \quad \Rightarrow \quad \tanh\left(\frac{2J}{kT}\frac{s}{N}\right) = 2\frac{s}{N} \tag{3}$$

となる．この式はもちろん $s=0$ という解をもつが，$s \neq 0$ の解をもつこともある．どのようなときにそうなるか，そしてその意味を次節で考えよう．

10.7 強磁性体の相転移

> **ぽいんと**
> 前節の自由エネルギーを調べて，自発磁化が生じるかどうかを調べる．温度が低いときには，エネルギーを下げるためにスピンが同じ向きを向く（自発磁化）．しかし，ある温度以上になると，エントロピーを増すためにスピンは勝手な方向を向く．これも一種の相転移（強磁性相から常磁性相への）であるが，自由エネルギーの変化が連続的で潜熱が発生しないという特徴をもつ．このような相転移を2次の相転移と呼ぶ．
> キーワード：強磁性相，常磁性相，2次の相転移，キューリー・ワイスの法則

■高温と低温

▶ $y=\tanh(cx)$ というグラフの $x=0$ での傾きは c である（また $x\to\pm\infty$ では $y\to\pm 1$）．

前節(3)の解は，$J=kT_c$ とすると

$$y^{(1)} = 2\frac{s}{N}, \quad y^{(2)} = \tanh\left(\frac{T_c}{T}\frac{2s}{N}\right)$$

という2つのグラフの交点である．これを図示すると図1のように2つの場合がある．

まず $T_c < T$（高温）のときは交点は $s=0$ の1ヵ所にしかない．つまりスピンの上下の割合は等しく，この物質は全体として磁化をもっていない．

一方，$T_c > T$（低温）では交点は3ヵ所にある．s がゼロでないところにも解があり，それは自発磁化に相当する．$s=0$ の解と $s\neq 0$ の解のどちらが現実のものであるかは，自由エネルギーの大小で決まる．以下で実際に計算するが，$s=0$ は自由エネルギーの極大点に相当し，$s\neq 0$ の解が現実に実現することがわかる．つまり温度を下げると，この物質には自発磁化が生じて，永久磁石になることがわかる．

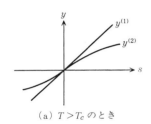
(a) $T>T_c$ のとき

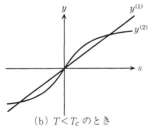
(b) $T<T_c$ のとき

図1 自発磁化と温度

■自由エネルギー

$s=0$ で自由エネルギーの微分がゼロになることはわかったが，それが極小なのか極大なのかを確かめなければならない．まずエントロピーの式を s が小さい場合に展開すると

▶ $\log(1+x) \simeq x - \frac{x^2}{2} + \frac{x^3}{3} - \frac{x^4}{4} + O(x^5)$ ($x \ll 1$)

$$S/k \simeq N\log 2 - \frac{2s^2}{N} - \frac{4}{3}\frac{s^4}{N^3} + O(s^6) \tag{1}$$

となるから，結局自由エネルギー（$\mathcal{F}=E-TS$）は

$$\mathcal{F} \simeq -kNT\log 2 + \frac{2k}{N}(T-T_c)s^2 + \frac{4}{3}\frac{kT}{N^3}s^4 + \cdots \tag{2}$$

という形になる．原点は，高温では極小（最小），低温では極大なのである．

自由エネルギーの温度変化を図示すると図2のようになる．温度が変化すると最小点の位置がどのように変化していくかがわかるだろう．

最小点の位置より，自発磁化の大きさがわかる．(2)を使うと

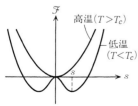

図2 自由エネルギーの形（ただし，$s=0$ で $\mathcal{F}=0$ となるように底上げしている）．

> $\frac{d\mathscr{F}}{ds} = 0$ より，$T < T_c$ では
> $s^2 \simeq 3N^2(T_c - T)/4T$

$$M = 2ms = \begin{cases} 0 & (T > T_c \text{ のとき}) \\ mN\sqrt{\dfrac{3}{T}}\sqrt{T_c - T} & (T < T_c \text{ のとき}) \end{cases} \quad (3)$$

(m はスピン1つ当たりの磁気モーメント)

となる．$T = T_c$ が自発磁化の有無の分れ目で，これも相転移と呼ばれている．しかし気体と液体の相転移などと異なり，s の値は連続的に変化しているので，エントロピーも連続的に変化している．つまり相転移のときに熱の発生がない．しかし，エントロピーの1階微分は不連続である．このような相転移のことを，**2次の相転移**と呼ぶ．

> ▶厳密には，化学ポテンシャル μ で定義する．相転移点でも μ は必ず連続だが，その1階微分が不連続なものを**1次の相転移**，2階微分ではじめて不連続になるものを**2次の相転移**と呼ぶ（章末問題 10.6, 10.7 参照）．

■ **熱力学的な諸量**

エントロピーは連続的に変化しているので，不連続性を見るには，微分に関係した量を考えなければならない．それにはたとえば熱容量を考えればよい．

熱容量はエネルギーの微分であるから

$$C = \frac{\partial E}{\partial T} = -2\frac{kT_c}{N}\frac{\partial s^2}{\partial T} \quad (4)$$

相転移の付近，つまり s が小さいときは(3)と同様にして

$$C = \begin{cases} 0 & (T > T_c \text{ のとき}) \\ \dfrac{3}{2}kN & (T < T_c, \text{ ただし } T \simeq T_c) \end{cases}$$

> ▶$T \to 0$ では $C \to 0$ となる．章末問題 10.8 参照．

となり，不連続性が現われる．

■ **キューリー・ワイスの法則**

今までの計算は，外から磁場をかけない場合であった．今度は，外から磁場をかけたときにどの程度の磁化が発生するかを考えよう．今までの計算に，常磁性体のときに考えたことを組み合わせればすぐできる．

まず，大きさ B で上向きの磁場がかかっているとする．そのときの物質全体のエネルギーは，7.5節と前節の(1)を組み合わせ

$$E = -2msB - (2J/N)s^2$$

となる．これを自由エネルギーの式に使って，s で微分すればよい．エントロピーとして，s が小さいとして展開した(1)を最初から使えば

$$-2mB + \frac{4k}{N}(T - T_c)s = 0 \quad \Rightarrow \quad s = \frac{N}{2k}\frac{mB}{T - T_c}$$

となる．したがって，磁化 M および磁化率 χ は，($T > T_c$ のとき)

$$M = 2ms = \frac{m^2 N}{k}\frac{B}{T - T_c} \qquad \chi \equiv M/B \propto 1/(T - T_c)$$

> ▶χ は $T \to T_c$ で無限大になることに注意．相転移点に近づくとわずかな磁場で磁化する．

これを，**キューリー・ワイスの法則**と呼ぶ．

章末問題

[10.1節]

10.1 10.1節のモデルで，粒子数 N，温度 T の固体が気体になるとき，どれだけの熱を吸収するか（これを気化熱と呼ぶ）．次の2通りの方法で考えよ．
(1) エネルギーの変化と体積の変化から計算する．
(2) エントロピーの変化から計算する．

[10.2節]

10.2 ファン・デル・ワールス理論で表わされる単原子分子の気体について，(1)断熱準静膨張のときの温度の変化，(2)等温膨張のときの圧力の変化，(3)断熱自由膨張のときの温度の変化を求めよ．それぞれ，理想気体の場合との差を指摘せよ（(2)では，a と b について1次の項まで計算すればよい）．

10.3 ファン・デル・ワールス理論で表わされる気体でジュール・トムソン過程（章末問題 2.1）を行なった場合，高温では温度は上昇，低温では温度は低下することを示せ（この過程ではエンタルピー $H(=U+PV)$ が不変であることを使い，圧力差が微小だとして dT/dP を求める．この変化率をジュール・トムソン係数と呼ぶ．a, b について1次まで計算すればよい）．また酸素を例として，$aN_A^2 = 0.138\,\mathrm{kg\,m^5\,s^{-2}}$ モル${}^{-2}$，$bN_A = 0.032 \times 10^{-3}\,\mathrm{m^3}$/モルとし，この係数の符号が変わる温度（逆転温度という）を求めよ．（この過程は，実際に気体を冷却する手段として使われる．）

[10.4節]

10.4 (10.4.4)を求めよ．また a と b が上問の値である場合の，臨界点の温度，圧力（気圧で），体積（1モル当たり）を求めよ．

[10.5節]

10.5 「気化熱は温度に依存しない」，「水の体積は水蒸気の体積に比べて無視できる」，「水蒸気は理想気体の状態方程式を満たす」という近似を使ってクラウジウス・クラペイロンの式を積分せよ．これを使って，300 K での飽和状態の水蒸気の分圧（つまり飽和水蒸気圧）を求めよ．ただし水の1気圧での沸点は 100℃ であり，水の気化熱は 45 kJ/モル であることを使え．

[10.7節]

10.6 10.6節のモデルでは体積を考えていないので，化学ポテンシャルの連続性を考えるときには，自由エネルギー F（$\mathscr{F}$ の最小値）の連続性を考えればよい（$N\mu = G = F + PV$ だから）．(10.7.2)より F を計算し，$T=T_c$ で1階微分までは連続，2階微分は不連続であることを確かめよ．

10.7 もし(10.7.2)が
$$\mathscr{F}(s,T) = a(T-T_0)s^2 - bs^4 + cs^6 \quad (a,b,c,T_0 \text{ は正の定数})$$
という形をしていたら，どのような相転移が起こるか考えよ（図1参照）．

10.8 熱容量が $T \to 0$ でどうなるか，(10.6.3)から ds/dT を計算することにより調べよ．

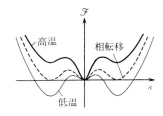

図1 自由エネルギー $\mathscr{F}$ の変化

11

電磁波の統計力学と量子統計

ききどころ

　物体は絶対零度でない限り，絶えず電磁波の放出・吸収を繰り返している．人間の体に手を近づけると暖かく感じられるのも，皮膚から低エネルギーの電磁波（特に赤外線と呼ばれる電磁波）が放出されているからである．その結果，密閉した容器の中を真空にしたとしても，容器が絶対零度でない限り，その中には電磁波が充満することになる．どのような波長の電磁波がどの程度充満するか，それもまさに統計力学の対象となり，プランクの公式という，量子力学の誕生において重要な役割をした有名な式が導かれる．

　また容器中の電磁波は，固体中の原子の運動とも数学的にきわめて類似している．固体，それも原子が規則的に配列した物質（結晶格子）では，エネルギーが与えられると原子がその安定点の回りを振動する．固体全体で見ると，原子の集団の波のような運動となる．これが容器中の電磁波と，数学的には同じ形になるのである．デバイ理論と呼ばれる，この理論を使って，固体の振動のエネルギーや熱容量を計算しよう．

　最後に，この章で使った手法をそれ以前の公式と比較し，量子統計と古典統計というものの違いを説明する．

11.1 電磁波と光子

> **ぽいんと**
>
> 電磁波というものは，光子と呼ばれる粒子の集合だと考えられる．したがって，容器中の電磁波は，光子からなる気体（**光子ガス**）とみなすことができる．しかも，光子同士が直接影響し合うことはほとんどないので，これは理想気体と考えてよい．しかし，光子は絶えず，容器の壁に吸収され放出もされている．つまり粒子数は一定でない．そのため，通常の分子からなる気体とは異なった取り扱いを考える必要がある．まずこの節では，光子のエネルギーおよび光子の取り扱い方の基本を説明しよう．
>
> キーワード：光子ガス

■光子のエネルギー

まず，光子がどのようなエネルギーをもちうるかという問題を考える．基本的な考え方は，4.5節で議論した通常の粒子の場合と同じである．運動量が p の状態は，波長 λ が

$$\lambda = \frac{h}{p} \quad (h \text{ はプランク定数})$$

の波として考え，容器の両端が波の節になるようにすればよい．

▶ 普通の粒子を波として考えるのは，量子力学に慣れないとわかりにくいが，光子は電磁波に対する粒子像なのだから，波として考えるのは容易だろう．

話を簡単にするために，4.5節と同様に，1辺の長さが L の立方体の容器で考える．その結果は，(4.5.5)と同じであり，再掲すれば，各方向に対して

$$p_x = \frac{h}{2L}n_x, \quad p_y = \frac{h}{2L}n_y, \quad p_z = \frac{h}{2L}n_z \tag{1}$$

である．つまり光子の状態は，$\boldsymbol{n} = (n_x, n_y, n_z)$ というベクトルで決まることになる．

▶ 電磁波は横波（電場と磁場は波の方向（$\boldsymbol{n}$ の方向）と垂直）だが，垂直の方向は2つあるので各 $\boldsymbol{n}$ に対し状態は2つあることになる．

運動量とエネルギーの関係は，通常の粒子の場合(4.5.6)とは異なり

$$\varepsilon = c|\boldsymbol{p}| \tag{2}$$

である（下の注意参照）．(2)に(1)を代入すれば，光子がどのようなエネルギーをもちうるかがわかり，$\boldsymbol{n}$ で決まる各状態のエネルギー $\varepsilon(\boldsymbol{n})$ は

▶ 振動数を ν とすれば $\lambda \nu = c$. だから $\varepsilon = h\nu$.

$$\varepsilon(\boldsymbol{n}) = \frac{ch}{2L}n \quad (n \equiv \sqrt{n_x^2 + n_y^2 + n_z^2}) \tag{3}$$

注意 (2)は通常の粒子とは違うように見えるが，相対論を考えると実は同一のものの両極端であることがわかる．相対論によれば，質量が M の粒子の，エネルギー ε と運動量 p の関係は

$$\varepsilon = \sqrt{c^2\boldsymbol{p}^2 + M^2c^4}$$

である．光子は質量がゼロの粒子なので，これより(2)が求まる．また逆の極限として，運動量が質量よりもずっと小さい（$Mc \gg |\boldsymbol{p}|$）場合を考えてみよう．すると

$$\varepsilon = Mc^2\left(1 + \frac{\boldsymbol{p}^2}{M^2c^2}\right)^{1/2} \simeq Mc^2 + \frac{\boldsymbol{p}^2}{2M} + O\left(\frac{\boldsymbol{p}^4}{M^3c^2}\right)$$

11 電磁波の統計力学と量子統計　141

であるが，(エネルギーの基準点をずらして)定数である第1項を除けば，これはよく知られたエネルギーの式となる．

■光子の統計力学的取り扱い

ここまでの話は，(2)の形が異なるだけで，通常の分子の場合と変わりはなかった．しかし冒頭にも述べたように，光子の数は与えられた定数ではない．むしろそれがどのくらいになるかを調べるのが，統計力学での1つの課題となる．

通常の分子の理想気体の場合，各粒子に対して，それがどのエネルギーをもつ状態になるかという確率分布を考えた．しかし光子の場合，絶えず容器の表面で吸収・放出を繰り返しているので，粒子1つずつ取り出して議論するわけにはいかない．そこで代わりに，(1)の $\bm{n}=(n_x, n_y, n_z)$ で指定される各状態にいくつの光子があるかという問題意識で計算を進める．

$\bm{n}$ で決まる状態の光子を，光子 $\bm{n}$ と呼ぶ．1つ1つの光子を示す言葉ではなく，光子の種類を表わす言葉である．そして光子 $\bm{n}$ のエネルギーを $\varepsilon(\bm{n})$ と書く．光子 $\bm{n}$ が i 個あれば，その状態のエネルギーは $i\cdot\varepsilon(\bm{n})$ である．そして，温度が T だとすれば，この状態の確率 $P_{\bm{n}}(i)$ は

$$P_{\bm{n}}(i) = \frac{1}{z_{\bm{n}}} e^{-i\cdot\varepsilon(\bm{n})/kT}$$

となる．ただし $z_{\bm{n}}$ は，確率の和を1にするための比例係数で，

$$z_{\bm{n}} = \sum_{i=0}^{\infty} e^{-i\varepsilon(\bm{n})/kT} = \frac{1}{1-e^{-\varepsilon(\bm{n})/kT}} \tag{4}$$

これは光子 $\bm{n}$ に対する分配関数と呼ぶことができる．

これから，光子 $\bm{n}$ の平均個数は($\alpha \equiv \varepsilon(\bm{n})/kT$ と書いて)

$$\overline{i(\bm{n})} = \frac{1}{z_{\bm{n}}} \sum_{i=0}^{\infty} ie^{-\alpha i} = \frac{1}{z_{\bm{n}}} \left(-\frac{d}{d\alpha}\right) \sum e^{-\alpha i}$$

$$= -\frac{1}{z_{\bm{n}}} \frac{d}{d\alpha} z_{\bm{n}} = \frac{e^{-\varepsilon(\bm{n})/kT}}{1-e^{-\varepsilon(\bm{n})/kT}} \tag{5}$$

となり，その平均エネルギーは

$$\overline{E(\bm{n})} = \varepsilon(\bm{n}) \cdot \overline{i(\bm{n})} \tag{6}$$

である．容器中の光子全体に対する量を求めるには，すべての $\bm{n}$ の寄与を加えなければならないが，それは次節で説明する．

注意　光子 $\bm{n}$ の状態のエネルギーは，光子の個数 i に応じて $i\cdot\varepsilon(\bm{n})$ というように，等間隔で並んでおり，8.2節の単振動のエネルギー(8.2.1)と同じである．これは偶然ではない．実際，電磁波の理論を使って，特定の波長の電磁波のエネルギーの表式を求めると，単振動の場合と同じ形をしていることがわかる．したがって，エネルギー準位が(8.2.1)の形になり，そこに現われる整数 i を粒子の数と解釈することにより，電磁波に対する粒子像(つまり光子のこと)が求まるのである．

▶電磁波の理論とは，電場と磁場に対するマクスウェル方程式のこと．
▶詳しくは，量子力学の巻参照．

11.2 プランク分布

前節で，各状態の光子に対する平均エネルギーを計算した．それをもとにして，振動数ごとのエネルギー密度を表わすプランク分布（プランクの放射則），また，それを加え合わせた電磁波の全エネルギーと温度の関係を示すステファン・ボルツマンの法則を説明する．

キーワード：プランク分布（プランクの放射則），レイリー・ジーンズの放射則，
　　　　　　ステファン・ボルツマンの法則，黒体放射

■光子の状態密度

▶ただし，$\bm{n}$ の3つの成分はすべてプラス．

光子の各状態は，1つのベクトル $\bm{n}$ により指定される．しかしエネルギーは，(11.1.3)からわかるように，絶対値 $n\,(=|\bm{n}|)$ にしか依存しない．そこで n の値が n と $n+\varDelta n$ の間にあるような状態がいくつあるかを勘定してみよう．

n_x, n_y, n_z の3つの座標で決まる空間（以下，空間 $\bm{n}$ と呼ぶ）を考える．この空間で3つの座標とも正の整数である点が，光子の状態に対応している．しかも前節で注意したように，各 $\bm{n}$ に対して2種類（2つの横波）の光子がある．したがって，空間 $\bm{n}$ には，単位体積当たり2つの状態があることになる．

▶すべての成分が正だから1/8になる．

ところで n の値が n と $n+\varDelta n$ の間にある状態は，この空間で半径 n，厚さ $\varDelta n$ の球殻の8分の1に含まれる部分である．この球殻の体積は $4\pi n^2 \varDelta n$ だから，結局この8分の1の2倍（$=\pi n^2$）が，n と $n+\varDelta n$ の間にある状態の数となる．

実際の観測と関連づけるためには，光子を n ではなく，それに対応する電磁波の振動数 ν で表わすのが便利である．前節でも述べたように

$$\varepsilon = h\nu = \frac{ch}{2L}n \;\Rightarrow\; n = \frac{2L}{c}\nu$$

であるから，振動数が ν と $\nu+\varDelta\nu$ の間の状態の数は，$L^3=V$（体積）だから

$$\pi n^2 \frac{\varDelta n}{\varDelta \nu}\varDelta\nu = \pi n^2\left(\frac{2L}{c}\right)\varDelta\nu = \frac{8\pi}{c^3}V\nu^2\varDelta\nu \tag{1}$$

■プランク分布

▶振動数で表わせば
$\varepsilon(\bm{n}) = h\nu$

まず，振動数が ν と $\nu+\varDelta\nu$ の間にある光子全体の，単位体積当たりの平均エネルギーを計算してみよう．(11.1.6)に(1)を掛け，体積 V で割ればよい．それを $u(\nu)\varDelta\nu$ とすれば

$$u(\nu)\varDelta\nu = \frac{8\pi}{c^3}\frac{h\nu^3 e^{-h\nu/kT}}{1-e^{-h\nu/kT}}\varDelta\nu \tag{2}$$

▶Planck(1858-1947)，ドイツの理論物理学者．

▶(11.1.5)の代わりに古典力学の結果($z_n \propto T$, 8.3節参照)を使うと $u(\nu) \propto \nu^2$ となる．これをレイリー・ジーンズの**放射則**と呼ぶが，低振動数のときにのみプランク分布に一致する．

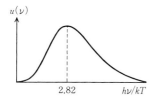

図1 プランク分布

▶結果が温度の4乗に比例することは，積分を計算しなくても，変数変換をした段階でわかることに注意しよう．

▶Stefan(1835-1893)，オーストリアの理論物理学者．
▶プランクではなくレイリー・ジーンズの式を使うと，u は無限大になってしまい，もちろん現実とは矛盾する．この困難が，量子力学誕生の1つの契機となっている．

▶自由エネルギーやエントロピーの計算は，章末問題参照．

▶壁から出てくるエネルギーの量については，光子の動く向きも考えなければならない．章末問題11.4参照．

である．$u(\nu)$ のことを**スペクトル密度**と呼び，この式のことを**プランク分布**(あるいは**プランクの放射則**)と呼んでいる．この式をグラフに描くと図1のようになる．

グラフが最大になる位置は温度で決まっている．数値的に計算すると
$$h\nu \simeq 2.82\, kT$$
となる．温度が低いと，u が最大になる振動数も小さくなる．振動数が大きくなると光子1つ当たりのエネルギーが増えるので，温度が低いときはそのような光子が放出されにくくなるからである．

■ステファン・ボルツマンの法則

電磁波の全エネルギー密度(全光子のエネルギー密度)は，(2)を積分すれば求まる．それを単に u と書けば
$$u = \frac{8\pi h}{c^3}\int_0^\infty \frac{\nu^3 e^{-h\nu/kT}}{1-e^{-h\nu/kT}}d\nu = \frac{8\pi}{c^3 h^3}(kT)^4 \int_0^\infty \frac{x^3 e^{-x}}{1-e^{-x}}dx \qquad (3)$$
である(ただし，$x \equiv h\nu/kT$)．この定積分は $\pi^4/15$ であることがわかっているので，単位体積当たりの電磁波のエネルギー密度は
$$u = \frac{8}{15}\frac{\pi^5}{c^3 h^3}(kT)^4$$
となる．温度の4乗に比例しているのが特徴で，**ステファン・ボルツマンの法則**と呼ばれている．

■放出と吸収(黒体放射)

プランク分布とは，密閉された容器内の，容器の壁と熱平衡にある電磁波(光子)の分布である．これは壁の材質とは無関係の議論であった．壁が鏡のようになっていて，やってきた電磁波を完全に反射するときも，あるいは，やってきた電磁波を壁がすべて吸収する場合も成り立つ．

そうなるためには，壁の光子の吸収率と，(壁内部からの)光子の放出率の間に関係がなければならない．完全に反射する物質のときは物質内部からの放出はゼロであり，また完全に吸収する物質(黒体と呼ぶ)のときは，それと同じ量の放出がある．その結果，反射と放出を合計した，壁から出てくる光子全体の分布は変わらない．

黒体の場合，壁から出てくる光子はすべて，物質内部からの放出である．つまり容器が密閉されていようといまいと，壁から出てくる光子のスペクトル密度は必ずプランク分布(2)で表わされる．その意味で，プランク分布をもつ電磁波のことを，**黒体放射**と呼ぶこともある．

しかし，理想的な黒体というものは存在しないので，プランク分布を実験で確かめようと思えば，密閉した容器に，中の熱平衡状態を乱さない程度の小さい穴を開け，そこから出てくる電磁波を測定しなければならない．

11.3 デバイ理論（固体の振動）

ぽいんと

電磁波は，古典力学的には電場と磁場の振動であるが，量子力学的に見直せば，光子という粒子の集まりに他ならない．この節では，現実に存在する物質（固体）の振動を考える．現実の物質の運動なので，古典力学的にも量子力学的にも振動ではあるが，数式上では電磁波の場合とほとんど同じ形に書ける．この考え方はデバイ理論と呼ばれ，固体の熱容量の特徴などが理解できる．
キーワード：**弾性体**，**弾性波**，**フォノン**，**格子振動**，**デバイ温度**，**デバイの法則**

■弾性体の振動

両端が固定され，真っすぐ伸びた弦を考えてみよう．全体としての位置や形は変わらないが，波のような運動，つまり振動は可能である．弦は1次元的な広がりしかもたないが，それを3次元的に広げたものを**弾性体**と呼ぶ．全体としての位置や形は変わらないが，その中を波（**弾性波**）が伝わることができる．物体の中を音が伝達できるのも，このような波が物体内部に起こるからに他ならない．

固体をこのような弾性体と考え，その中に起きる振動の統計力学を考えてみよう．考え方は，今までの電磁波の場合と同じである．1辺の長さが L の立方体を考え，その中に起きる波の形を決める．それはやはり，1つのベクトル $\boldsymbol{n}$ で指定される．$\boldsymbol{n}$ が決まればそれから波長 λ が決まり，

$$\frac{1}{\lambda} = \frac{1}{2L}|\boldsymbol{n}|$$

で与えられる．つぎに波の速度を v とすれば振動数 ν は v/λ となる．そして，振動数 ν の振動がもつ可能なエネルギーが，（零点エネルギーという定数部分を除き）

$$\varepsilon(\boldsymbol{n}) = h\nu i \quad (i = 0, 1, 2, \cdots)$$

であるという量子力学の結果を使えば，電磁波と同じ計算ができる．

▶ v とは弾性波の速度であるが，これが波長 λ に依存しない定数であると，ここでは仮定されている．結晶中の振動に対してはこれがほぼ成り立っていることが推測される（振動・波動の巻参照）が，一般の波に対して成り立つわけではない．

▶電磁波の場合，i は光子（フォトン，photon）の数であった．その類推で弾性波の場合，i は仮想上の粒子**フォノン**（phonon, phono は音という意味）の数を表わすと表現することがある．

■電磁波との相違点

話の大筋は電磁波の場合と同じだが，いくつか違った点があるのでそれを指摘しておこう．

[1] 電磁波では，2種類の横波があった．固体の振動の場合にも2種類の横波があるが，その他に1種類の縦波が存在しうる．大きさが変化する方向に振動する波である（図1）．

[2] 波の速度は，電磁波では光の速度であった．固体の振動の場合は，そこを伝達する音の速度となる．ただし横波と縦波では一般には速度が異なる．

図1 結晶（固体）の原子の横波（上）と縦波（下）

[3] n(つまりν)が大きい波は，波長の短い波である．そして電磁波の場合は，nが無限大の波まですべて足し合わせた．しかし固体の振動の場合は，nに上限がある．その理由は，固体の構造を考えれば理解できる．1次元的な固体として，それを構成する原子が等間隔で配列しているものを考えてみよう．固体の振動とは，その原子の運動に他ならない(**格子振動**)．したがって，原子の間隔より短い波長をもつ振動は，数式で書くことはできても，原子の運動だけを見れば，より長い波長の振動と変わりはないことになる(図2)(章末問題11.6参照).

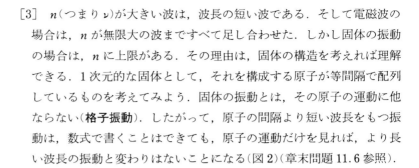

図2 式の上では波(点線)でも，原子(黒点)は動いていない．

nの最大値は，それ以下のnをもつ波の数が，固体中の全原子数の3倍に等しいという条件から決める．振動とは原子の運動の1つの見方に他ならないのだから，振動の種類は原子の運動の種類に等しくなければならないからである．そこで原子がN個あるとすれば，nの最大値n_Dは

$$\frac{3}{8}\int_0^{n_D} 4\pi n^2 dn = 3N \quad \Rightarrow \quad n_D = (6N/\pi)^{1/3}$$

▶ DはDebye(1884-1966)，オランダ生れのアメリカの物理学者の頭文字．この節の理論を**デバイ理論**と呼ぶ．

となり，νの最大値ν_Dは

$$\nu_D = \frac{v}{2L}n_D = \frac{v}{2}\left(\frac{6N}{\pi V}\right)^{1/3}$$

と決まる．(ただし，式を簡単にするために，波の速度vは一定，しかも縦波と横波とで等しいとした．)

■格子振動の内部エネルギー

以上のことを頭に入れた上で，温度Tでの格子振動のエネルギー密度uを計算してみよう．(11.2.3)と同様に考えれば

$$u = \frac{12\pi h}{v^3}\int_0^{\nu_D} \frac{\nu^3 e^{-h\nu/kT}}{1-e^{-h\nu/kT}}d\nu = \frac{12\pi h}{v^3}\left(\frac{kT}{h}\right)^4\int_0^{x_D}\frac{x^3 e^{-x}}{1-e^{-x}}dx$$

となる($x\equiv h\nu/kT$). xの上限x_Dは

$$x_D = \frac{h\nu_D}{kT} = \frac{\theta_D}{T} \quad \left(\theta_D \equiv \frac{h}{k}\nu_D = \frac{vh}{2k}\left(\frac{6N}{\pi V}\right)^{1/3}\right)$$

▶ デバイ温度は100〜500Kの物質が多い．

であり，θ_Dを**デバイ温度**と呼ぶ．温度が(デバイ温度と比較して)低いときは，この積分は無限遠までと考えてよいので，電磁波の場合と同様に

$$u = \frac{4}{5}\frac{\pi^5}{v^3 h^3}(kT)^4 = \frac{3\pi^4}{5}\frac{kNT}{V}\left(\frac{T}{\theta_D}\right)^3$$

と求まる．これより，定積熱容量は単位体積当たり

$$C_V = \left(\frac{\partial u}{\partial T}\right)_V = \frac{12\pi^4}{5}\frac{kN}{V}\left(\frac{T}{\theta_D}\right)^3$$

となり，温度の3乗に比例している．これを**デバイの法則**と呼ぶ．多くの物質に対して，低温でよく成り立つ法則である．

11.4 量子統計（ボーズ・アインシュタイン分布）

ぽいんと

電磁波や格子振動に対して，統計力学による取り扱いをしてきた．普通の理想気体のように粒子ごとにその状態を調べるのではなく，各状態ごとに，そこにある粒子の数を調べる方法を使った．粒子数が変化するので，そのような取り扱いをする必要があったのである．

では，普通の理想気体に対して，この章で使った方法を適用したらどうなるだろうか．普通の分子からなる理想気体の場合，全体の分子数が決まっているという制限があるので，今までの数式に多少の変更を加える必要がある．しかし，この制限は化学ポテンシャルという形で取り入れられる．この方法は量子統計と呼ばれ，従来の古典統計（6.3節のマクスウェル速度分布など）の不十分な点を克服することができる．

キーワード：量子統計，ボーズ・アインシュタイン分布，古典統計，ボーズ・アインシュタイン凝縮

■粒子数が決まっている場合の取り扱い

11.1節で，光子 $\boldsymbol{n}$ が N 個ある場合の実現確率を

$$P_{\boldsymbol{n}}(N) \propto e^{-N\varepsilon(\boldsymbol{n})/kT}$$

と書いた．これは5.1節のボルツマン分布であり，エネルギー $N\varepsilon(\boldsymbol{n})$ を周囲（熱浴）から奪ったときの，周囲のエントロピー（つまり状態数）の減少を計算して求めた式である．

この式が使えるのは，光子 $\boldsymbol{n}$ が N 個発生したとしても，その周囲への影響は，その分のエネルギーが奪われるということしかないという場合である．これは光子や前節の格子振動の場合には正しい．しかし通常の分子からなる気体の場合には，エネルギーばかりでなく，全粒子数も一定なので，粒子の移動の影響を考えなければならない．つまり，N 個の分子がその状態になったとすれば，それ以外の状態の粒子数はその分だけ減少する．その影響を考えると5.1節の式は，

$$S_B(E_0-E, N_0-N) \simeq S_B(E_0, N_0) + \frac{\partial S_B}{\partial E_0}(-E) + \frac{\partial S_B}{\partial N_0}(-N)$$

$$= S_B(E_0, N_0) - \frac{E}{T} + \frac{\mu N}{T}$$

▶化学ポテンシャルの定義式 (5.4.3)参照．

としなければならない．したがって，1個当たりのエネルギーが ε の状態が，粒子数が N_ε，エネルギーが $E = \varepsilon N_\varepsilon$ となる確率は，

▶$P \propto e^{S_B/k}$

$$P(N_\varepsilon) = \frac{1}{z_\varepsilon} \exp\left[\frac{1}{kT}(\mu-\varepsilon)N_\varepsilon\right]$$

となる．ただし z_ε は，確率の和を1にするための比例係数で，この状態に対する分配関数である．具体的には，(11.1.4)と同様に計算し

$$z_\varepsilon = 1 + e^{(\mu-\varepsilon)/kT} + e^{2(\mu-\varepsilon)/kT} + \cdots = \frac{1}{1-e^{(\mu-\varepsilon)/kT}} \quad (1)$$

11 電磁波の統計力学と量子統計

となる．またこれから，この状態の平均粒子数は，

$$\overline{N_\varepsilon} = \frac{e^{(\mu-\varepsilon)/kT}}{1-e^{(\mu-\varepsilon)/kT}} \left(= \frac{1}{e^{(\varepsilon-\mu)/kT}-1}\right) \tag{2}$$

となる．これを**ボーズ・アインシュタイン分布**と呼ぶ．$\mu=0$ とすれば，(11.1.5)と一致する．

▶ μ は，状態には依存しない定数である．したがって，各状態の平均粒子数(2)をすべて足したものが全粒子数であるという条件より μ が決まる．またエネルギー最小の状態を $\varepsilon_{\min}$ とすれば $\overline{N_\varepsilon} \geqq 0$ だから $\mu < \varepsilon_{\min}$ でなければならない．

■マクスウェルの速度分布との比較

(2)を，(6.3.1)のマクスウェルの速度分布の式と比べてみよう．その式は，ある分子が速度 v をもつ確率として求めたが，それに全粒子数を掛ければ，ある速度 v をもつ粒子の平均個数が求まり，速度の代わりにエネルギーで表わせば

$$\text{マクスウェルの速度分布} \propto e^{-\varepsilon/kT} \tag{3}$$

という形になる．

この式を(2)と比較してみよう．$\varepsilon-\mu \gg kT$ であれば，(2)の第2式の分母が1と近似できるので，(3)と同じ形になる．しかし一般には異なる．

▶ $e^{\mu/kT}$ は ε に依存しない比例係数．

違いの出る原因は，(6.3.1)において，同種粒子効果が正しく考慮されていないためである．今まで行なってきた理想気体に関する議論では，まず最初はすべての粒子が区別できると考えて計算し，最後に，状態数あるいは分配関数を $N!$ で割ることにより調節をした．すべての粒子が別の状態にあるときはそれで構わない．しかし複数の粒子が同一の状態にあるときは，それでは割り過ぎであることを4.6節(あるいは6.2節)で説明した．ただし，もし $\varepsilon-\mu \gg kT$ であれば，1つの状態にある粒子の平均個数は1よりもはるかに小さい．したがって，複数の粒子が同一状態になる可能性はきわめて小さく，(3)がよい近似となるのである．

▶ (2)を**量子統計**，(3)を**古典統計**と呼ぶ．同一粒子という概念は量子力学の誕生により正しく理解できたので，このような名が付いているが，量子統計にはもう1種類ある．次節参照．

■ボーズ・アインシュタイン凝縮

μ を決める条件を考えてみよう．(4.6.3)の $N=3$ の場合に相当するので(3次元での1粒子状態だから)，

$$N(\text{全粒子数}) = 2\pi V \frac{(2M)^{3/2}}{h^3} \int_0^\infty \frac{\varepsilon^{1/2} e^{(\mu-\varepsilon)/kT}}{1-e^{(\mu-\varepsilon)/kT}} d\varepsilon \tag{4}$$

となる．ところが右辺は低温では μ を変えても全粒子数 N に達しないことがある．一見奇妙だが，これは本来は各 ε についての和である式を積分で置き換えてしまったことに原因がある．(2)で考えると，μ を最小エネルギー値の状態に近づければ，その状態の粒子数はいくらでも大きくすることができる（$\mu \to \varepsilon_{\min}$ とすれば $\overline{N_{\varepsilon_{\min}}} \to \infty$）．つまり，$N$ に達しない部分はすべて最小エネルギーの状態に集中する．これは**ボーズ・アインシュタイン凝縮**と呼ばれ，液体ヘリウムの低温での特殊な振舞い（超流動）に関係している．

▶ (4)は(4.6.3)で与えられる密度の式に(2)の分布を考慮して，ε について積分すればよい．

▶ (4)の積分の下限が0ならば $\mu < \varepsilon_{\min} = 0$ であるから，(4)の積分の最大値は $\mu=0$ として

$$(kT)^{3/2}\int \frac{x^{1/2}e^{-x}}{1-e^{-x}}dx$$

これは $T\to 0$ とすればゼロになってしまい，(4)が成り立ちえない．

11.5 フェルミ・ディラック分布

ぽいんと

前節のボーズ・アインシュタイン分布を導くときは，粒子はいくつでも，同時に1つの状態になれるということを前提としていた．前節(1)で，無限個の項を加えているのはそのためである．これは当然のようにも思えるが，量子力学が誕生した結果，この世界にある粒子は，統計的な性質の違いにより，2種類に分けられることがわかった．複数個の粒子が同一状態になれるもの（ボーズ粒子と呼ぶ）と，たかだか1つの粒子しか1つの状態にはなれないもの（フェルミ粒子と呼ぶ）である．ボーズ粒子に対しては，前節のボーズ・アインシュタイン分布が使えるが，後者に対しては，フェルミ・ディラック分布と呼ばれる別の分布を使う必要がある．

キーワード：ボーズ粒子，フェルミ粒子，パウリ原理（パウリの排他律），フェルミ・ディラック分布，フェルミエネルギー

■パウリ原理

量子力学によれば，粒子は波動関数というもので表わされる．2つの粒子がある場合は，2つの粒子に対する波動関数を使う．ところで，これが同じ粒子だとすれば，2つの粒子の位置を入れ替えても状態としては変わらない．しかし波動関数全体の符号は観測されない量なので，位置を入れ替えたときに逆転しても構わない．

▶波動関数を Ψ とすると，実際に観測される量は Ψ 全体にかかる定数には依存しない．

▶粒子の位置を一度入れ替えたとき，
$$\Psi = c\Psi \quad (c は定数)$$
となるとすると，二度入れ替えたときはもとに戻るのだから
$$c^2 = 1$$
つまり，$c = \pm 1$ となる．

つまり，2つの可能性がある．粒子の位置を入れ替えたときに，波動関数の符号が変わらない粒子と符号が逆転する粒子があり，それぞれ**ボーズ粒子**，**フェルミ粒子**と呼ぶ．そして後者の場合，2つの粒子が同時に1つの状態にはなれないことが導かれる．なぜなら，2つの粒子が同じ状態だったら，波動関数は各粒子の座標を同じ形で含んでいなければならないが，そのような関数は，座標を取り換えても形が変わるはずがない．形が変わらず，しかも符号が逆転するのだとしたら，それはゼロでしかありえない．つまりそのような状態は実現されないということである（詳しくは，量子力学の巻を参照）．

▶粒子のスピンというものの性質により，それがボーズ粒子になるかフェルミ粒子になるかが決まるが，詳しくは第6巻「相対論的物理学」参照．

▶陽子も中性子も実はクォークというフェルミ粒子が3つ集まってできた複合粒子である．電子や光子は今のところ，単独の粒子と考えられている．

フェルミ粒子では，複数の粒子が同一の状態にはなりえないという原理を，**パウリ原理**，あるいは**パウリの排他律**と呼ぶ．ところで，この世のほとんどの粒子はボーズ粒子ではなく，フェルミ粒子である．電子も，あるいは原子核を構成している陽子も中性子もフェルミ粒子である．一方，光子はボーズ粒子である．また，フェルミ粒子が偶数個集まってできている複合粒子の場合（たとえば陽子2個，中性子2個のヘリウム），互いに重なり合わない程度の濃度であれば，その複合粒子全体としてはボーズ粒子のように振る舞う（符号が偶数回逆転すれば，結果は不変であるから）．また奇数個集まっている場合は，全体としてはフェルミ粒子のように振る舞う．

■フェルミ・ディラック分布

フェルミ粒子に対しては，前節の式は使えないが，考え方は同じである．分配関数を計算するときに，各状態に粒子がない場合と，1つの場合の2項だけを加えればよい．つまり前節(1)は

$$z = 1 + e^{(\mu-\varepsilon)/kT}$$

となり，また前節(2)は，

$$\overline{N} = \frac{e^{(\mu-\varepsilon)/kT}}{1+e^{(\mu-\varepsilon)/kT}} \left(= \frac{1}{e^{(\varepsilon-\mu)/kT}+1} \right) \tag{1}$$

となる．これが**フェルミ・ディラック分布**である．

■電子ガス

フェルミ・ディラック分布の典型的な応用例は，金属の電子である．導体である金属中には，自由に動き回り電流となる電子が多数あり，自由電子と呼ばれている．自由電子は導体中で理想気体のように振る舞っていると考えると，かなりいい描像が得られる．しかし金属の中に閉じ込められているのだから，その密度は通常の気体よりはるかに濃いので，古典統計ではなく，量子統計で考えなければならない．

▶ 自由電子の質量は電子そのものではなく，周囲からの影響を取り入れた有効質量というものを考える．

まず絶対零度の状況を考えてみよう．(1)から $T\to 0$ のとき，

$$\overline{N} = \begin{cases} 1 & \varepsilon < \mu \text{ のとき}(e^{(\mu-\varepsilon)/kT}\to\infty) \\ 0 & \varepsilon > \mu \text{ のとき}(e^{(\mu-\varepsilon)/kT}\to 0) \end{cases} \tag{2}$$

この結果は，絶対零度で系は，エネルギーが最も低い状態になるということを考えれば当然である．電子はできるだけエネルギーの低い状態になろうとするが，パウリ原理のために，すべてが基底状態になることはできない．そこで，エネルギー準位の下のほうから順番につまっていくのである．

ここで，**フェルミエネルギー** ε_F という量を定義しておこう．それは，$\varepsilon_F > \varepsilon$ を満たす状態の数が，全自由電子数に等しいというエネルギーである．これと(2)を見れば，絶対零度での化学ポテンシャル μ は，フェルミエネルギーに等しいことがわかる．そして(1)は図1のように，$\varepsilon = \varepsilon_F$ で不連続に変わる，階段状の分布になる．

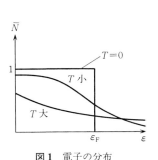

図1　電子の分布

有限の温度になると，分布はしだいに滑らかになる．図1からわかるように，温度が上がると，フェルミエネルギーよりやや下のエネルギーをもつ電子がエネルギーを得て，フェルミエネルギーの上にいく．基底状態に近い状態の電子が励起されるためには，パウリ原理のため，大きなエネルギーを得てフェルミエネルギーより上に行かなければならない．したがって，8.4節の運動の凍結と同じ理由により，このようなプロセスは起こりにくい．そのため，金属中の電子の密度は高いにも関わらず，熱容量への寄与はそれほど大きくはならない．

▶ $\varepsilon_F = kT_F$ という式でフェルミ温度 T_F という量を定義すると，それは通常，数万度である．

章末問題

[11.2 節]

11.1 章末問題 2.5 の式を使って，光子ガスの圧力を求めよ．それと，章末問題 5.8 の式を使って，エントロピーを求めよ．

11.2 分配関数を使って自由エネルギー F を計算し，それから光子ガスの圧力とエントロピーを求めよ．

11.3 光子ガスの全粒子数とエントロピーの比は，温度によらないことを示せ（断熱過程では光子数が変わらないことを意味する）．また比 S/kN を求めよ．ただし，

$$\int_0^\infty \frac{x^2 e^{-x}}{1-e^{-x}} dx = 2.404$$

11.4 単位時間に単位面積の，温度 T の黒体から放出されている電磁波のエネルギー J は

$$J = \sigma T^4, \quad \sigma = \frac{2}{15}\frac{\pi^5 k^4}{c^2 h^3}$$

と表わされることを示せ（すべての光子は一定の速度（光速度 c）で動くことに注意せよ）．この σ は**ステファン・ボルツマン定数**と呼ばれ，5.67×10^{-8} $\text{Jm}^{-2}\text{s}^{-1}\text{K}^{-4}$ である．

11.5 地球上には太陽から，毎秒 $1\,\text{m}^2$ 当たり，約 $1360\,\text{J}$ のエネルギーが到達している．太陽表面の温度が約 $6000\,\text{K}$ であることを示せ．ただし太陽と地球との距離は $1.5 \times 10^{11}\,\text{m}$，太陽の半径は $7 \times 10^8\,\text{m}$ とする．

[11.3 節]

11.6 間隔 d で一列に原子が並んでいる，1 次元の結晶を考える．波長が

$$\frac{1}{\lambda'} = \frac{1}{\lambda} - \frac{m}{d} \quad (m \text{ は整数})$$

という関係にある 2 つの波 λ, λ' は，同じ原子の運動を表わしていることを示せ．(これを使えば原子のあらゆる波は，d より長い波長の波として表わすことができる．)

11.7 デバイ模型における高温での熱容量を求めよ．

[11.4 節]

11.8 ボーズ・アインシュタイン凝縮が起きる温度は，量子濃度を使って

$$N/V \simeq n_Q \left(\equiv \left(\frac{2\pi MkT}{h^2}\right)^{3/2}\right)$$

と表わせることを示せ．

[11.5 節]

11.9 1 粒子のエネルギー準位が，$\varepsilon = 0, 1, 2, 3, 4$ と，全部で 5 つある系に，粒子が 3 個あるとする．全エネルギー（各粒子のエネルギーの和だとする）が 5 であるとき，状態は何個あるか．ボーズ粒子，フェルミ粒子，古典統計の粒子それぞれについて勘定せよ．

さらに学習を進める人のために

この本では，熱・統計力学の基本的手法を学んだ．応用に関しては，現実の物質の複雑さをある程度無視し，大まかな振舞いを理解することに焦点をあてた．実際の問題では，その対象の特質と複雑さに応じてさまざまなことを考えなければならない．物理や化学の多くの分野が，この熱・統計力学の方法論を基礎にして成り立っているが，それぞれ特有の方法論が開発されている．

というわけで，今後の学習においても，各自の分野によって学ぶべき方向も大きく異なるが，かなり主観的に筆者の目についたものをあげると，

[1]　キッテル，熱物理学(丸善)
[2]　キッテル，固体物理学入門(丸善)
[3]　ランダウ，リフシッツ，統計力学(岩波書店)
[4]　ムーア，物理化学(東京化学同人)
[5]　久保亮五編，大学演習熱学・統計力学(裳華房)
[6]　久保亮五，統計力学(共立出版)
[7]　フェルミ，熱力学(三省堂)
[8]　シアーズ，サリンジャー，熱力学，統計熱力学(共立出版)
[9]　バークレー物理学コース5，統計力学(丸善)
[10]　中村伝，統計力学(岩波書店)
[11]　中野藤生，木村初男，相転移の統計力学(朝倉書店)
[12]　宮下精二，熱・統計力学(培風館)
[13]　岩波講座「現代物理学の基礎」，統計物理学(岩波書店)
[14]　原島鮮，熱力学・統計力学(培風館)

[1]は題名に反して統計力学的な見方が貫かれていて，筆者にはわかりやすかった．[5]は演習書であるが，熱力学，統計力学のあらゆる基本的問題が網羅されていて，座右に置いておきたい本である．[9]の記述は，本書の第4章を書く上で参考にさせてもらった．

この本では，平衡状態の統計力学の基本のみを扱った．非平衡状態の問題や相転移の問題など，いわゆる統計力学基礎論と呼ばれる分野も，精力的に研究されている分野である．それに関しては[10]〜[12]などを参照してほしい．

この本でも強調したように，統計力学の基本は等重率の原理およびH定理であるが，この原理自身がまだ論争の対象となっている．論点は原理の正しさではなく，その解釈や導出に関してなので，この本では深入りしなかった．関心のある人は，たとえば[13], [14]を参照してほしい．最近は特に「粗視化」(原子レベルで状態を区別するのではなく，物質全体から見ればミクロだが原子レベルから見るとマクロなレベルで状態を区別すること)という観点の重要性が強調されている．

章末問題解答

第 1 章

1.1
$$N = \frac{PV}{kT} = \frac{1.013 \times 10^5 \times 10^{-6}}{1.38 \times 10^{-23} \times 273} = 2.69 \times 10^{19}$$

$$V = \frac{RT}{P} = \frac{8.3145 \times 273}{1.013 \times 10^5} = 2.24 \times 10^{-2} (\text{m}^2) = 22.4\, l$$

1.2 窒素分子の質量を M とすれば
$$N_A M = 28\text{ g}$$
$$\frac{1}{2}Mv^2 = \frac{3}{2}kT = \frac{3}{2}\frac{RT}{N_A}$$

より
$$v^2 = \frac{3RT}{N_A M} = \frac{3 \times 8.31 \times 273}{28 \times 10^{-3}} = 2.43 \times 10^5 (\text{m}^2/\text{s}^2) = (493\text{ m/s})^2$$

1.3 分子の衝突後の速度を v' とすると，弾性衝突だから
$$\frac{v-u}{v'+u} = 1 \quad \therefore \quad v' = v - 2u$$

分子の密度を n，壁の面積を S とすれば
$$\Delta U = \left(\frac{1}{2}Mv'^2 - \frac{1}{2}Mv^2\right)nvS = -Mu(v+v')nvS$$

また，1 分子当たりに壁がおよぼす力積は $M(v+v')$ だから，(1.2.3) と同様に考えて ($\alpha = nv$)
$$P = M(v+v')nv \quad \therefore \quad P\Delta V = M(v+v')nv \cdot Su = -\Delta U$$

1.4 (1) $z = x^2 + (w+x^2)^2 + x(w+x^2) = x^4 + x^3 + (2w+1)x^2 + wx$
$$\therefore \quad \left.\frac{\partial z}{\partial x}\right)_w = 4x^3 + 3x^2 + 2x(2w+1) + w$$

(2) $\left.\dfrac{\partial z}{\partial x}\right)_y = 2x+y = x^2+2x+w \qquad \left.\dfrac{\partial z}{\partial y}\right)_x \left.\dfrac{\partial y}{\partial x}\right)_w = (2y+x)\cdot 2x = (2x^2+x+2w)\cdot 2x$

1.5 (1.5.2) で $\Delta z = 0$ とすれば
$$\left.\frac{\partial z}{\partial x}\right)_y \Delta x + \left.\frac{\partial z}{\partial y}\right)_x \Delta y = 0$$

つまり
$$\left.\frac{\partial x}{\partial y}\right)_z = \frac{\Delta x}{\Delta y}(\Delta z = 0) = -\left.\frac{\partial z}{\partial y}\right)_x \bigg/ \left.\frac{\partial z}{\partial x}\right)_y$$

また x を定数として考えれば，y と z の間には通常の逆関数の微分公式
$$\left.\frac{\partial z}{\partial y}\right)_x = 1\bigg/\left.\frac{\partial y}{\partial z}\right)_x$$

が成り立つ．以上より与式が求まる．

1.6 $C_V = \dfrac{3}{2}R + N_A u(T), \quad C_P = \dfrac{5}{2}R + N_A u(T), \quad \kappa_T,\ \kappa_{ad}$ は不変.

1.7 $\kappa_T = -V\dfrac{\partial}{\partial V}\left(\dfrac{mRT}{V}\right)_T = \dfrac{mRT}{V} = P$

$$\kappa_{ad} = -V\frac{\Delta P}{\Delta V}\bigg)_{\Delta'Q=0} = V\left(\frac{5/2\,P}{3/2\,V}\right) = \frac{5}{3}P$$

第2章

2.1 気体がすべて左側にあったときの体積，温度，内部エネルギーをそれぞれ V_1, T_1, U_1 とし，右側に移動した後の量には添字2を付ける．すると，左側のピストンがした仕事と U_1 の和が，右側のピストンがされた仕事と U_2 の和に等しいから

$$P_1 V_1 + U_1 = P_2 V_2 + U_2$$

これに状態方程式と一般の理想気体に対する U の式(章末問題1.6)を使えば，

$$\frac{5}{2}RT_1 + Ru(T_1) = \frac{5}{2}RT_2 + Ru(T_2)$$

したがって，$T_1 = T_2$．($u(T)$ は T の単調増加関数だから，この式の根は他にはない．)

2.2 (1) 仕事はしていないので，$\Delta U = -\alpha(P_1 - P_2)V = \Delta'Q$

(2) $\Delta'W = P(V_2 - V_1), \quad \Delta U = \alpha P(V_2 - V_1)$

$\therefore \quad \Delta'Q = \Delta U + \Delta'W = (\alpha+1)P(V_2 - V_1)$

2.3 ①で，吸収する熱は，

$$\Delta'Q(①) = \Delta U = \alpha k N(T_2 - T_1)$$

サイクル全体で外に与える仕事は，

$$\Delta'W \equiv \Delta'W(②) - \Delta'W(④) = \alpha k N\{(T_2 - T_3) - (T_1 - T_4)\}$$

また②と④が断熱膨張であることから，

$$V_1 T_2^\alpha = V_2 T_3^\alpha, \quad V_1 T_1^\alpha = V_2 T_4^\alpha \quad \Rightarrow \quad \frac{T_2}{T_3} = \frac{T_1}{T_4}$$

したがって，効率は，

$$効率 = \frac{\Delta'W}{\Delta'Q(①)} = \frac{(T_2 - T_3) - (T_1 - T_4)}{T_2 - T_1} = 1 - \frac{T_3}{T_2} = 1 - \left(\frac{V_1}{V_2}\right)^{1/\alpha}$$

2.4 $A = \dfrac{\partial z}{\partial x}\bigg)_y = 2x + 2xe^y, \quad B = \dfrac{\partial z}{\partial y}\bigg)_x = 2y + x^2 e^y, \quad \dfrac{\partial A}{\partial y} = 2xe^y = \dfrac{\partial B}{\partial x}$

2.5 (1) $\Delta U = \dfrac{\partial U}{\partial T}\bigg)_V \Delta T + \dfrac{\partial U}{\partial V}\bigg)_T \Delta V$ を(2.4.7)に代入して変形すれば

$$A = \frac{1}{T}\frac{\partial U}{\partial T}\bigg)_V, \quad B = \frac{1}{T}\frac{\partial U}{\partial V}\bigg)_T + \frac{P}{T}$$

(2) $\dfrac{\partial A}{\partial V}\bigg)_T = \dfrac{1}{T}\dfrac{\partial^2 U}{\partial V \partial T}, \quad \dfrac{\partial B}{\partial T}\bigg)_V = \dfrac{1}{T}\dfrac{\partial^2 U}{\partial T \partial V} - \dfrac{1}{T^2}\dfrac{\partial U}{\partial V}\bigg)_T + \dfrac{1}{T}\dfrac{\partial P}{\partial T}\bigg)_V - \dfrac{P}{T^2}$

2.6 (1) $\dfrac{\partial U}{\partial V}\bigg)_T = Tf(v) - P = 0$

(2) $u = cT\dfrac{du}{dT} - cu \quad \therefore \quad T\dfrac{du}{dT} = \dfrac{1+c}{c}u \quad \Rightarrow \quad u \propto T^{\frac{1+c}{c}}$

2.7 T が一定で V が増加しているのだから，(2.5.5)より S は増加している．

2.8 ある物体 a から熱 A を受け，それを仕事 A に転換できたとする．すると，その仕事 A を冷却機関に使い，a より温度の低い物体 b から熱 B を奪い，$A+B$ の熱を a に与えることができる．全体としては熱 B が b(低温)から a(高温)に移ったことになり，クラウジウスの原理に反することになる．

第3章

3.1 (3.3.1)で無視された対数の項は

$$\frac{1}{2}\log(2\pi N) - \frac{1}{2}\log(2\pi n) - \frac{1}{2}\log\{2\pi(N-n)\} = \frac{1}{2}\log\frac{1}{2\pi}\frac{N}{n(N-n)}$$

ここで，$N\to\infty$ では $n/N \sim 1/2$ であることを使えば，

$$上式 = \frac{1}{2}\log\frac{2}{\pi N}$$

これの指数をとれば，(3.3.7′) となる．また，$dn/d\delta = N$ だから

$$\int e^{-2N\delta^2} dn = N\int e^{-2N\delta^2} d\delta = \sqrt{\frac{\pi N}{2}}$$

3.2 (1) 特定の n 個が左，残りが右に入る確率は $p^n q^{N-n}$．これに，特定の n 個を選びだす組合せの数 $_N C_n$ を掛ければ，与式が求まる．

(2) $n = N(p+\delta), N-n = N(q-\delta)$ であることを使えば，

$$\log P = -N(q-\delta)\log\left(1-\frac{\delta}{q}\right) - N(p+\delta)\log\left(1+\frac{\delta}{p}\right)$$

(3) $\log P \sim -\dfrac{N}{2pq}\delta^2$ （$p+q=1$ を使った）

(4) δ の平均値は 0，ゆらぎは $\sqrt{2pq/N}$ の程度だから

$$n \text{ の平均値} = Np$$
$$n \text{ のゆらぎ} \simeq N(p+\sqrt{2pq/N}) - Np = \sqrt{2pqN}$$

3.3 N 歩目の位置が m である確率 $P(N,m)$ は，N 粒子を容器の左右にでたらめに分けたとき，

$$(右側の粒子数) - (左側の粒子数) = m$$

となる確率に等しい．3.3 節の δ で表わせば

$$m = N\left(\frac{1}{2}+\delta\right) - N\left(\frac{1}{2}-\delta\right) = 2\delta N$$

だから

$$P(N,m) = \sqrt{\frac{2}{\pi N}} e^{-m^2/2N}$$

である．したがって，

$$\overline{m} = \int_{-\infty}^{\infty} m P(N,m) dm = 0$$
$$\overline{m^2} = \int m^2 P(N,m) dm = 2N$$

第4章

4.1 ある時刻での i という状態の実現確率を P_i とする．単位時間後に P_i は，別の状態に変わった分が減り，別の状態から移ってきた分が増す．つまり

$$\Delta P_i = -\left\{\sum_{j\neq i} P(i\to j)\right\}\cdot P_i + \sum_{j\neq i}\{P(j\to i)\cdot P_j\}$$

等重率の原理が成り立っていれば，すべての P_j が P_i に等しい．したがって (4.3.2) より $\Delta P_i = 0$ となる．

4.2 (1) $\dfrac{dP(B)}{dt} = \lambda P(A) - \lambda P(B)$ (2) $\dfrac{dP(A)}{dt} + \dfrac{dP(B)}{dt} = 0$ より明らか．

(3) $\dfrac{dP(A)}{dt} = -2\lambda\left\{P(A) - \dfrac{1}{2}\right\}$ ∴ $P(A) = \dfrac{1}{2} + Ce^{-2\lambda t}$ （C は積分定数）

（上の式に代入して確かめよ．）

(4) $\lambda > 0$ だから，$t\to\infty$ で $e^{-2\lambda t} \to 0$

4.3 1つの粒子が $\varepsilon=3$, 他は $\varepsilon=0$ → 状態数 N
1つの粒子が $\varepsilon=2$, 他の1つが $\varepsilon=1$ → 状態数 $N\times(N-1)$
3つの粒子が $\varepsilon=1$ → 状態数 ${}_N C_3$

$$\text{合計}: N+N(N-1)+\frac{N(N-1)(N-2)}{6}=\frac{(N+2)(N+1)N}{6}$$

4.4 質量は, $M=20.2\text{ g}/N_A=33.5\times10^{-27}\text{ kg}$

$$\frac{\Delta\varepsilon}{\varepsilon}=\frac{2a\sqrt{\frac{kT}{2a}}}{\frac{3}{2}kT}=\frac{2h}{3(MkT)^{1/2}}=3.92\times10^{-11}$$

つまり, 状態はほとんど連続的に並んでいる.

4.5 $\varepsilon(=3kT/2)$ 以下の状態数 = 半径 $\sqrt{\varepsilon/a}$ の3次元球の体積

$$=\frac{4}{3}\frac{1}{\pi^2\hbar^3}(2M\varepsilon)^{1/2}=8.5\times10^{32}$$

これはアボガドロ数よりも約 10^9 倍大きい.

4.6 N という係数がない項はすべて無視すると

$$\log\rho_N(E)\simeq -N(\log N-1)+N\log\pi^{3/2}-N\log 2^3$$
$$-\frac{3}{2}N\left\{\log\left(\frac{3N}{2}\right)-1\right\}+\frac{3}{2}N\log E+N\log\left(\frac{2M}{\pi^2\hbar^2}\right)^{3/2}+N\log V$$

整理すれば (4.7.2′) が求まる.

4.7 温度を T, 原子量を A とすれば, 1モル当たりのエントロピーは

$$S=\frac{5}{2}R\log T+\frac{3}{2}R\log A-9.69$$

となる.（以下略）

4.8 自由断熱膨張では温度は変わらないので, エントロピーは $\Delta S=kN_A\log 2$ だけ変化する. したがって状態数は $\exp(N_A\log 2)=2^{N_A}$ 倍になる. 第3章の気体の分配の場合, すべての粒子が左側になる確率は 2^{-N_A} で, 上の状態数の比に等しい. これは, 等重率の原理より当然期待されることである.

第5章

5.1 $Mgx/kT=0.110 \to e^{-0.110}=0.90$ より, 約10% 減る.

5.2 与式と, $n=N/V$ より

$$\frac{dP(x)}{dx}=\lim_{\Delta x\to 0}\frac{P(x+\Delta x)-P(x)}{\Delta x}=-MgN/V=-\frac{Mg}{kT}P$$

Mg/kT が一定ならば, この式の解は,

$$P(x)=P(x=0)\exp\left(-\frac{Mg}{kT}x\right)$$

5.3 断熱膨張では $P^{1-\gamma}T^\gamma=c$ (定数) だから, 上問の解答の式は,

$$\text{左辺}=\frac{dT}{dx}\frac{dP}{dT}=\frac{\gamma}{\gamma-1}c^{\frac{1}{1-\gamma}}T^{\frac{1}{\gamma-1}}\cdot\frac{dT}{dx}$$

$$\text{右辺}=-\frac{Mg}{k}c^{\frac{1}{1-\gamma}}T^{\frac{1}{\gamma-1}}$$

$$\Rightarrow \frac{dT}{dx}=-\frac{\gamma-1}{\gamma}\frac{Mg}{k}$$

$$\Rightarrow T(x)=-\frac{\gamma-1}{\gamma}\frac{Mg}{k}x+T(x=0)$$

（実際の気温の低下率は, 水蒸気の凝結などのためこれの半分程度である.）

5.4 (4.7.2′) より

章末問題解答　157

$$\mu = -T\frac{\partial(k\log\rho)}{\partial N}\Big)_{E,V}$$

$$= -kT\left\{\frac{3}{2}\log\frac{2}{3}\frac{E}{N}+\log\frac{V}{N}+\log\left(\frac{M}{2\pi\hbar^2}\right)^{3/2}\right\}$$

ここで(4.9.8)を使えば与式が求まる．標準状態(273 K, 1 気圧)では

$$n = \frac{N_A}{22.4\,l} = 2.7\times 10^{25}\,\mathrm{m^{-3}}$$

$$n_Q\,(M=33.4\times 10^{-27}\,\mathrm{kg}\text{ とする}) = 7.6\times 10^{31}\,\mathrm{m^{-3}}$$

だから $\mu<0$．n を増せば μ は増加．T を増せば(n は一定)，μ は減少．

5.5　全化学ポテンシャルの釣り合いの条件は

$$mgx_1+kT\log(n_1/n_Q) = mgx_2+kT\log(n_2/n_Q)$$

$$\therefore\ n_1 e^{\frac{mg}{kT}x_1} = n_2 e^{\frac{mg}{kT}x_2}$$

これより(5.2.5)が求まる．

5.6　系1と系2が接触しているとする．各系の量を，添字1,2を付けて表わすと，

$$\rho(E) = \int \rho_1(E_1)\rho_2(E-E_1)\,dE_1$$

$$\simeq \rho_1(\overline{E_1})\rho_2(E-\overline{E_1})\int e^{-A(E_1-\overline{E_1})^2}dE_1$$

$$\simeq \rho_1(\overline{E_1})\rho_2(E-\overline{E_1})\sqrt{\frac{\pi}{A}}$$

ただし，$A = \frac{1}{2}\left(\frac{d^2\sigma_1}{dE_1^2}+\frac{d^2\sigma_2}{dE_2^2}\right) \propto \frac{1}{N}$ したがって，

$$S = k\log\rho = k\log\rho_1(\overline{E_1})+k\log\rho_2(E-\overline{E_1})+\log\sqrt{\frac{\pi}{A}}$$

ここで右辺の各項を比べると，第1,2項は N に比例するのに対して第3項は $\log N$ に比例し，$N\gg 1$ では無視できる．

$$\therefore\ S \simeq S_1+S_2$$

5.7　$\dfrac{\partial}{\partial T}\left(\dfrac{G}{T}\right)\bigg)_P = \dfrac{1}{T}\dfrac{\partial G}{\partial T}\bigg)_P - \dfrac{G}{T^2} = -\dfrac{1}{T^2}(G+TS)$

5.8　最初の式は $\Delta F = -S\Delta T - P\Delta V$ より．第2の式は，$\Delta G = -S\Delta T + P\Delta V$ より求まる(どちらも $\Delta N = 0$ の場合)．

5.9　(1.5.4)で $z\to U, x\to V, y\to S, w\to T$ とすれば

$$\frac{\partial U}{\partial V}\bigg)_T = \frac{\partial U}{\partial V}\bigg)_S + \frac{\partial U}{\partial S}\bigg)_V \frac{\partial S}{\partial V}\bigg)_T = -P+T\frac{\partial S}{\partial V}\bigg)_T$$

第6章

6.1

$$\overline{E^2}-\overline{E}^2 = \frac{1}{Z}\sum E_i^2 e^{-\beta E_i} - \left(\frac{1}{Z}\sum E_i e^{-\beta E_i}\right)^2$$

また

$$-\frac{d\overline{E}}{d\beta} = \frac{d^2}{d\beta^2}\log Z = \frac{1}{Z}\frac{d^2 Z}{d\beta^2} - \left(\frac{1}{Z}\frac{dZ}{d\beta}\right)^2$$

これは上の式の結果と同等である．$\overline{E}=\alpha kNT=\alpha N/\beta$ とすれば，

$$-\frac{d\overline{E}}{d\beta}\bigg/\overline{E}^2 = (\alpha N/\beta^2)/(\alpha N/\beta)^2 = \frac{1}{\alpha N} \ll 1$$

6.2　問題の条件は，章末問題4.5と同様に考えて

$$\frac{4}{3}\pi\left(\frac{kT}{a}\right)^{3/2} \gg N$$

ただし a は 4.6 節参照．$L^3 = V$ を使えば，上式は

$$\frac{24}{3\sqrt{\pi}}\left(\frac{kTM}{2\pi\hbar^2}\right)^{3/2} \gg \frac{N}{V}$$

最初の 1 程度の大きさの係数を無視すれば与式が求まる．

6.3
$$\int_0^\infty e^{-\alpha n^2} dn - \int_1^\infty e^{-\alpha n^2} dn = \int_0^1 e^{-\alpha n^2} dn \simeq 1$$

ただし，$\alpha \ll 1$ で $n^2 < 1$ ならば，$e^{-\alpha n^2} \simeq 1$ であることを使った．これは，

$$\int_0^\infty e^{-\alpha n^2} dn = \frac{1}{2}\sqrt{\frac{\pi}{\alpha}}$$

と比べて，$\sqrt{\alpha}\ (\ll 1)$ の程度だけ小さい．

6.4 $M/2kT \equiv c$ と書くと

v の最頻値　　　$\dfrac{d}{dv}(v^2 e^{-cv^2}) = 0$ より $v = \dfrac{1}{\sqrt{c}}$

v の平均値　　　$\displaystyle\int_0^\infty v\left(\frac{c}{\pi}\right)^{3/2} e^{-cv^2} 4\pi v^2 dv = 4\pi\left(\frac{c}{\pi}\right)^{3/2}\int v^3 e^{-cv^2} dv$

$\qquad\qquad\qquad\quad = 2\pi\left(\dfrac{c}{\pi}\right)^{3/2}\displaystyle\int_0^\infty x e^{-cx} dx = \dfrac{2}{\sqrt{\pi c}}$

v^2 の平均値　　$\displaystyle\int_0^\infty v^2\left(\frac{c}{\pi}\right)^{3/2} e^{-cv^2} 4\pi v^2 dv = 4\pi\left(\frac{c}{\pi}\right)^{3/2}\int e^{-cv^2} v^4 dv$

$\qquad\qquad\qquad\quad = 4\pi\left(\dfrac{c}{\pi}\right)^{3/2}\cdot\dfrac{3}{8}\dfrac{\pi^{1/2}}{c^{5/2}} = \dfrac{3}{2c}$

$\therefore\ v$ の最頻値 $< \bar{v} < \sqrt{\overline{v^2}}$

6.5 $\overline{E} = \dfrac{3}{2}kT = 3/2\beta$ だから，$\overline{E^2} - \overline{E}^2 = (3/2)(kT)^2$．（この結果は，マクスウェルの速度分布から直接計算することもできる．）

6.6 x 方向に垂直な面での，単位時間，単位面積当たりの力積を計算する（これが圧力 P に他ならない）．x 方向への速度が v_x である粒子の P への寄与は

$$2M v_x \cdot v_x n \cdot p(\boldsymbol{v}) \qquad (n = N/V \text{ は粒子密度})$$

これを合計すれば

$$P = 2Mn \int p(\boldsymbol{v}) v_x^2 dv_x dv_y dv_z$$

ただし積分は，v_x については $0 < v_x < \infty$，他は $-\infty$ から $+\infty$ までである．これを計算すれば

$$P = 2Mn\left(\frac{M}{2\pi kT}\right)^{1/2}\int_0^\infty e^{-\frac{M}{2kT}v_x^2} v_x^2 dv_x = nkT$$

6.7 (4.5.5) より，

$$\frac{\Delta\varepsilon(\boldsymbol{n})}{\Delta L} = -2\frac{\varepsilon(\boldsymbol{n})}{L} \Rightarrow \Delta\varepsilon(\boldsymbol{n}) = -\frac{2}{3}\frac{\varepsilon(\boldsymbol{n})}{V}\Delta V$$

同時に $T \to T + \Delta T$ とすると

$$\Delta\left(\frac{\varepsilon(\boldsymbol{n})}{T}\right) = \frac{1}{T}\Delta\varepsilon(\boldsymbol{n}) - \frac{\varepsilon(\boldsymbol{n})}{T^2}\Delta T$$

であるから

$$\varDelta T = \frac{T}{\varepsilon(\boldsymbol{n})}\varDelta\varepsilon(\boldsymbol{n}) = -\frac{2}{3}\frac{T}{V}\varDelta V$$

とすれば，$\varepsilon(\boldsymbol{n})/T$ は任意の $\boldsymbol{n}$ に対して不変である．

第7章

7.1 (1) 混合前の i 番目の気体の体積と粒子数をそれぞれ V_i, N_i とする．
$$N_1/V_1 = N_2/V_2 = N_3/V_3, \quad V = V_1+V_2+V_3$$
$$N = N_1+N_2+N_3, \quad x_i = N_i/N = V_i/V$$

である．したがって，容器の仕切りを取り除いて混合させたときのエントロピーの変化の和は
$$\varDelta S = kN_1 \log V/V_1 + kN_2 \log V/V_2 + kN_3 \log V/V_3$$
$$= kN(x_1 \log x_1 + x_2 \log x_2 + x_3 \log x_3)$$

(2) N 個のうち，N_1 個が第1種，N_2 個が第2種という組合せの数は，2段階で考えれば
$$_N C_{N_1} \cdot {}_{N-N_1}C_{N_2}$$
と積になる．この対数を，(7.1.3)を参考にして求めれば，
$$\log {}_N C_{N_1} + \log {}_{N-N_1}C_{N_2} = N_1 \log \frac{N}{N_1} + (N-N_1) \log \frac{N}{N-N_1}$$
$$+ N_2 \log \frac{N-N_1}{N_2} + (N-N_1-N_2) \log \frac{N-N_1}{N-N_1-N_2}$$
$$= N_1 \log \frac{N}{N_1} + N_2 \log \frac{N}{N_2} + N_3 \log \frac{N}{N_3}$$

(3) $kN\sum_{i=1}^{\alpha} x_i \log x_i$

7.2
$$\frac{d\varDelta S}{dx} = -kN\{\log x - \log(1-x)\}$$

これは，$x=1/2$ で 0，$x=0$ で $+\infty$，$x=1$ で $-\infty$ である．

7.3
$$\text{等長熱容量} \equiv T\frac{\partial S}{\partial T}\bigg)_l = T\frac{dS_0}{dT}$$
$$\text{等張力熱容量} \equiv T\frac{\partial S}{\partial T}\bigg)_f = T\frac{dS_0}{dT} + \frac{Nd^2f^2}{kT^2}$$

ゴムは温めると縮み，その分，外部に仕事をするので等張力熱容量のほうが大きくなる．

7.4 断熱弾性率 $= \frac{\partial f}{\partial l}\bigg)_S = \frac{\partial f}{\partial l}\bigg)_T + \frac{\partial f}{\partial T}\bigg)_l \frac{\partial T}{\partial l}\bigg)_S$

ところで，$\varDelta S = \frac{dS_0}{dT}\varDelta T - \frac{f}{T}\varDelta l$ より，
$$\frac{\partial T}{\partial l}\bigg)_S = f\bigg/T\frac{dS_0}{dT} \quad \therefore \quad \text{上式} = \text{等温弾性率} + f^2\bigg/T^2\frac{dS_0}{dT}$$

7.5 $\mathscr{F} = -2smB - kT\log {}_N C_{\frac{N}{2}+s} \simeq -2smB + 2kTs^2/N + \text{定数}$

$\frac{d\mathscr{F}}{ds} = 0$ より，$M = 2sm = \frac{m^2NB}{kT}$

7.6 熱容量 $= \frac{dE}{dT} = \frac{mBN}{kT^2} \cdot \frac{4}{(e^{\beta mB} + e^{-\beta mB})^2}$

$T \to 0 (\beta \to \infty)$ では，上式 $\propto \frac{1}{T^2} \cdot e^{-2mB/kT} \to 0$

$$T \to \infty (\beta \to 0) \text{ では、上式} \propto \frac{1}{T^2} \to 0$$

$0 < T < \infty$ では，常にプラスだから，最大値をもつ．

7.7 $0 < T < \infty$ では，$E < 0$(スピンは半数以上，磁場の方向を向く)．$\beta \to +0 (T \to +\infty)$ で $E \to 0$ となり，さらに β を減らす(T を $-\infty$ から増していく)と E はプラスになり増えていく．$\beta \to -\infty (T \to -0)$ の極限で $E = mBN$(最大値)となる．つまり，エネルギーを $-mBN$ から mBN にあげるにつれ，温度は $+0 \to +\infty$，$-\infty \to -0$ というように変わる．エネルギー準位が無限にある通常の系では，温度は常にプラスなので，そのような系と熱平衡ならば，このスピン系のエネルギーはプラスにはなれない．

第8章

8.1 (4.7.3)で $E \to E/\hbar\omega$ としたうえで温度を計算すると，

$$\beta\left(= \frac{1}{kT}\right) = \frac{\partial}{\partial E} \log \rho = \frac{1}{\hbar\omega} \log \frac{N\hbar\omega + E}{E} \Rightarrow E = \frac{N\hbar\omega}{e^{\beta\hbar\omega} - 1}$$

(これは，(8.2.5)に一致している．) これを，再び(4.7.3)に代入すれば，

$$S = k\frac{E}{\hbar\omega}\log\frac{N\hbar\omega + E}{E} + kN\log\frac{N\hbar\omega + E}{N\hbar\omega}$$
$$= \frac{kN\beta\hbar\omega}{e^{\beta\hbar\omega} - 1} - kN\log(1 - e^{-\beta\hbar\omega})$$

一方，$S = k\beta^2 \frac{\partial}{\partial \beta}\left(\frac{1}{\beta}\log Z\right)$．だが，これに(8.2.3)を代入すれば上の S に一致する．

8.2 (8.3.3)と(8.3.4)を合わせれば，$S = kN\log(T^{5/2}V/N) + $ 定数
断熱過程では S が一定だから，$T^{5/2}V = $ 一定．これは $\gamma = 7/2$，つまり $\alpha = 5/2$ の場合だが，(8.3.3)と(8.3.4)より $U = \frac{5}{2}kNT$．だから，$\alpha = 5/2$ で正しい．

8.3 $\omega = \sqrt{K/M}$ であることを考えれば，$C = (2\pi\hbar)^{-1}$ とすれば(8.3.1)と一致する．また(8.3.6)では，$C = (2\pi\hbar)^{-3}$ とすればよい．これは3方向の寄与の合計で，1方向だけなら $(2\pi\hbar)^{-1}$ だから上と一致．

8.4 $\Delta E = \frac{\pi^2\hbar^2}{2ML^2} \cdot (2^2 - 1^2)$ だから，$L = 10^{-2}$ m，$M = 1.66 \times 10^{-21} \times 32$ kg を代入すると，

$$\Delta E = 3.1 \times 10^{-38} \text{ J}$$
$$\text{特性温度} = \Delta E/k = 2.2 \times 10^{-15} \text{ K}$$

8.5 1.2×10^5 K, $\exp(-1.2 \times 10^5/5 \times 10^3) = 3.8 \times 10^{-11}$．(厳密には，第1励起状態は4つあるので，これの4倍である．)

8.6 原子間距離を r，水素原子の質量を M とすれば

$$\Delta E = k \cdot \text{特性温度} = \frac{\hbar^2}{2(Mr^2/2)} \cdot 2$$
$$\therefore \quad r^2 = \frac{2\hbar^2}{k \times 85 \times 1.67 \times 10^{-27}} = (1.1 \times 10^{-10} \text{ m})^2$$

8.7 (8.4.3)の場合と同じ．

第9章

9.1 章末問題5.7を，反応前・反応後それぞれ標準状態で考え，その差をとれば

$$\frac{\partial}{\partial T}\left(\frac{\Delta \tilde{G}}{T}\right) = -\frac{\Delta \tilde{H}}{T^2}$$
$$\therefore \quad \frac{\partial}{\partial T}(\log K) = \frac{1}{K}\frac{\partial K}{\partial T} = \frac{\Delta \tilde{H}}{RT^2}$$

$\Delta \tilde{H}$ を定数だとして，この式を積分すれば

$$\log K(T) = -\frac{\Delta \tilde{H}}{RT} + 定数$$

あるいは

$$\log \frac{K(T_1)}{K(T_2)} = \frac{\Delta \tilde{H}}{RT_1 T_2}(T_1 - T_2)$$

9.2 $\Delta'Q = \Delta E + P\Delta V = \Delta H$. $\Delta'Q$ は，外から与える熱だから，発熱ならば $\Delta'Q < 0$. よって $\Delta H < 0$. このときに T を上げれば，$K(T)$ は減る．つまり反応は反応体のほうへ動く．

9.3 AB のとき，圧力比は $P(AB) : P(A) : P(B) = 1-\alpha : \alpha : \alpha$. 全圧を P とすれば，$P = P(AB) + P(A) + P(B) = \left(\frac{1+\alpha}{1-\alpha}\right) P(AB)$.

$$\therefore \quad K = \frac{P(A)P(B)}{P(AB)} = \left(\frac{\alpha}{1-\alpha}\right)^2 P(AB) = \frac{\alpha^2}{1-\alpha^2} P$$

A_2 のとき，$P(A_2) : P(A) = 1-\alpha : 2\alpha$. よって $P = \left(\frac{1+\alpha}{1-\alpha}\right) P(A_2)$.

$$\therefore \quad K = \frac{P^2(A)}{P(A_2)} = \left(\frac{2\alpha}{1-\alpha}\right)^2 P(A_2) = \frac{4\alpha^2}{1-\alpha^2} P$$

K が等しいときは，A_2 のほうが α が小さい．両方とも A のときは，どの原子が衝突しても分子になれるので，解離度は小さくなる．

9.4 溶媒の分子数を N_1，溶質の分子数を N_2 とすれば

$$P = kT \frac{N_2}{N_1} \frac{N_1}{V}$$

$N_1 \gg N_2$ なので，N_2/N_1 は，溶質の分子数比に等しく，溶液の分子数密度は溶媒の分子数密度に等しいとする．溶質の分子量を A，溶媒の分子量を B とすれば

$$\frac{N_2}{N_1} = x \frac{B}{A}, \quad \frac{N_1}{V} = N_A \frac{10^6}{B} (\mathrm{m}^{-3})$$

これを上に代入すれば

$$P = kT \cdot x \frac{N_A}{A} \cdot 10^6 = xRT \frac{10^6}{A}$$

$$\therefore \quad A = x \frac{RT}{P} \cdot 10^6 \quad (\text{MKS 単位系})$$

9.5 溶媒の化学ポテンシャルと蒸気の化学ポテンシャルが釣り合う．$x=0$ のときの蒸気圧を P_0 とすれば

$$\mu_{溶媒}(x) = \mu_{溶媒}(0) + kT \log(1-x)$$
$$\mu_{蒸気}(P) = \mu_{蒸気}(P_0) + kT \log P/P_0$$

これが $x=0$ ($P=P_0$) のときも，$x \neq 0$ のときも等しいのだから，

$$P = P_0(1-x)$$

9.6 1 kg 当たりの溶質，溶媒の粒子数をそれぞれ N_2, N_1 とすれば，$N_2 = nN_A$, $N_1 = (10^3/18)N_A$ だから，(9.5.4) は，

$$\Delta T = \frac{RT^2}{L} \frac{N_2}{N_1} = \frac{RT^2}{L} \cdot \frac{18}{10^3} n$$

$$\therefore \quad 凝固点降下定数 = \frac{8.314 \times 273^2 \times 18}{6.01 \times 10^3 \times 10^3} = 1.86 \text{ K} \cdot \text{kg}/モル$$

9.7 電離度を α とすれば，実質的には $0.1 \times (1+\alpha)$ の濃度となる．

$$1.86 \times 0.1 \times (1+\alpha) = 0.2 \quad \therefore \quad \alpha = 0.075$$

9.8 $[\mathrm{OH}^-] \simeq \sqrt{nK}$ だから，

$$\mathrm{pH} = -\log_{10}[\mathrm{H}^+] = 14 + \log_{10}[\mathrm{OH}^-]$$

$$= 14 + \frac{1}{2}(\log_{10} K + \log_{10} n)$$

9.9 (1) $\mathrm{pH} = 14 + \log_{10}[\mathrm{OH}^-] = 14 + \log_{10}(\alpha n)$

(2) まず，
$$\frac{[\mathrm{OH}^-][\mathrm{HA}]}{[\mathrm{A}^-]} = \frac{(n\alpha)^2}{n(1-\alpha)} \simeq n\alpha^2$$

$$K = \frac{[\mathrm{H}^+][\mathrm{A}^-]}{[\mathrm{HA}]} = \frac{[\mathrm{A}^-]}{[\mathrm{OH}^-][\mathrm{HA}]}[\mathrm{H}^+][\mathrm{OH}^-] \simeq 10^{-14}/(n\alpha^2)$$

$$\therefore \quad n\alpha = (10^{-14} n/K)^{1/2}$$

$$\therefore \quad \mathrm{pH} \simeq 7 + \frac{1}{2}(-\log_{10} K + \log_{10} n)$$

第10章

10.1 (1) エネルギーは $N\varepsilon + (3/2)kNT$ 増加し，外部には $PV = kNT$ の仕事をするので，熱の吸収量は $N\varepsilon + (5/2)kNT$．

(2) $\Delta'Q = T\Delta S = TkN\left(\log\dfrac{Vn_Q}{N} + \dfrac{5}{2}\right)$ であるが，すべてが気体になったときは
$$N = V n_Q e^{-\varepsilon/kT}$$
であるから(1)に等しくなる．

10.2 (1) $(V-Nb)T^{3/2} = $ 一定．したがって，$V_1 \to V_2$ と膨張したときは $(V_2 > V_1)$
$$\left(\frac{T_2}{T_1}\right)^{3/2} = \frac{V_1 - Nb}{V_2 - Nb} < \frac{V_1}{V_2}$$
つまり温度は，より速く減少する．

(2) $(P + aN^2/V^2)(V - Nb) = $ 一定．ここで，a, b は小さいことを使って，
$$\text{左辺} \simeq P\left(1 + \frac{aN^2}{kTV^2}\right)\cdot V\left(1 - b\frac{N}{V}\right) \simeq PV\left\{1 + \left(\frac{a}{kT} - b\right)\frac{N}{V}\right\}$$
と書く．
$$\therefore \quad \frac{P_2}{P_1} = \frac{V_1\left\{1 + \left(\dfrac{a}{kT} - b\right)\dfrac{N}{V_1}\right\}}{V_2\left\{1 + \left(\dfrac{a}{kT} - b\right)\dfrac{N}{V_2}\right\}}$$

$kT < a/b$ ならば，圧力の減少は遅い．$kT > a/b$ ならば，圧力の減少は速い．

(3) 内部エネルギー $= \dfrac{3}{2}kNT - a\dfrac{N^2}{V} = $ 一定．
$$\therefore \quad \frac{3}{2}kN(T_2 - T_1) = aN^2\left(\frac{1}{V_2} - \frac{1}{V_1}\right) < 0$$
つまり膨張すると，温度は低下する．

10.3 上問(2)より，
$$PV \simeq kNT\left\{1 - \left(\frac{a}{kT} - b\right)\frac{N}{V}\right\} \simeq kNT - NP\left(\frac{a}{kT} - b\right)$$

$$\therefore \quad H \simeq H(\text{理想気体}) - a\frac{N^2}{V} - NP\left(\frac{a}{kT} - b\right)$$

$$\simeq H(\text{理想気体}) - NP\left(\frac{2a}{kT} - b\right)$$

両辺を P で微分すると

$$\frac{dH}{dP} = 0, \quad \frac{dH}{dP}(\text{理想気体}) = \frac{dH}{dT}(\text{理想気体}) \cdot \frac{dT}{dP} = (\alpha+1)kN\frac{dT}{dP}$$

$$\frac{dT}{dP} \simeq 0 \quad (a=b=0 \text{ のとき})$$

を使えば,

$$0 \simeq (\alpha+1)kN\frac{dT}{dP} - N\left(\frac{2a}{kT}-b\right) \quad \therefore \quad \frac{dT}{dP} \simeq \frac{1}{(\alpha+1)k}\left(\frac{2a}{kT}-b\right)$$

つまり, 圧力が減ると,

$$kT > \frac{2a}{b} \text{ では, 温度は上昇}$$

$$kT < \frac{2a}{b} \text{ では, 温度は低下}$$

また

$$\text{逆転温度} = \frac{2(aN_A^2)}{R(bN_A)} = 1040 \text{ K} \quad (\text{現実には, 893 K})$$

10.4 $dP/dT = 0$, $d^2P/dT^2 = 0$ の 2 式を解けば, (10.4.4)が求まる. また,

$$P = 6.9 \times 10^5 \text{ Pa} = 6.8 \text{ 気圧}$$
$$V = 0.96 \times 10^{-4} \text{ m}^3 = 0.096 \, l$$
$$T = 8(N_A^2 a)/27R \cdot (N_A b) = 1.5 \times 10^2 \text{ K}$$

10.5
$$\frac{dP}{dT} = \frac{L}{TV} = \frac{LP}{RT^2} \quad (1 \text{ モル当り})$$

だから

$$\int \frac{dP}{P} = \frac{L}{R}\int \frac{1}{T^2}dT \Rightarrow \log P = -\frac{L}{RT} + \text{定数}$$

$$\Rightarrow P = P_0 \exp\left(-\frac{L}{RT}\right) \quad (P_0 \text{ は定数})$$

373 K(常圧での水の沸点)で, $P=1$ 気圧だから

$$\frac{P(300 \text{ K})}{1 \text{ 気圧}} = \exp\left\{\frac{L}{R}\left(\frac{1}{373}-\frac{1}{300}\right)\right\} = 0.029$$

つまり, 大気の約 3%.

10.6 $T > T_c$ では, $F = -kNT \log 2$. $T < T_c$ では,

$$\frac{2k}{N}(T-T_c) + \frac{8}{3}\frac{kT}{N^3}s^2 \simeq 0$$

だから, $F = -kNT \log 2 - (3kN/2T)(T_c - T)^2$

10.7
$$\frac{d\mathscr{F}}{ds} = a(T-T_0)s - 4bs^3 + 6cs^5 = 0$$

これは $T > T_0$ で, しかも T_0 付近ならば, 判別式が正なので 5 つの実根をもつ(図 1). これを $s=0, \pm s_1, \pm s_2 \, (0 < s_1 < s_2)$ と書くと, $s=0, \pm s_2$ が極小, $s = \pm s_1$ が極大である. また $s=0$ と $s=\pm s_2$ を比較すると T がある程度大きければ $s=0$ が最小, T が T_0 に近づくと $s = \pm s_2$ が最小となる. これは s が不連続に変化するので, 1 次の相転移である.

10.8 (10.6.3)の両辺を T で微分する. ただし s も T の関数であることに注意.

$$\frac{d \tanh x}{dx} = \frac{d}{dx}\left(\frac{e^x - e^{-x}}{e^x + e^{-x}}\right) = \frac{4}{(e^x + e^{-x})^2}$$

を使うと, $(x \equiv 2T_c s/TN)$

$$\left(2\frac{T_c}{TN}\frac{ds}{dT}-\frac{2T_c}{T^2}\frac{s}{N}\right)\frac{4}{(e^x+e^{-x})^2}=\frac{2}{N}\frac{ds}{dT}$$

$$\therefore\ C=-\frac{2T_c}{kN}\frac{ds}{dT}=-\frac{2T_c^2 S}{kNT^2}\Big/\left\{\frac{T_c}{T}-\frac{(e^x-e^{-x})^2}{4}\right\}$$

また，$T\to 0$ ならば $\tanh\left(\frac{2J}{kT}\frac{s}{N}\right)\to 1$ であるから，(10.6.3) より，$s\to N/2$．これより，

$$C(T\to 0)\simeq \frac{T_c}{kT^2}\frac{1}{4}\exp\left(-\frac{2T_c}{T}\right)\to 0$$

第 11 章

11.1 $U=Vu=AVT^4\ \left(A\equiv\frac{8}{15}\frac{\pi^5 k^4}{c^3 h^3}\right)$ だから

$$\frac{\partial}{\partial T}\left(\frac{P}{T}\right)=AT^2\quad\therefore\ P=\frac{1}{3}AT^4=\frac{1}{3}\frac{U}{V}$$

($T=0$ では，$P=0$ となることを使った．) また

$$\left.\frac{\partial S}{\partial V}\right)_T=\frac{4}{3}AT^3\ \text{より}\ S=\frac{4}{3}AVT^3$$

($T=0$ では $S=0$ になることを使った．) S は，$\Delta U=T\Delta S$ (V は一定) という式からも求まる．

11.2
$$F=-kT\int\log(1-e^{-h\nu/kT})\cdot\frac{8\pi}{c^3}V\nu^2 d\nu$$

$$=-\frac{8\pi k}{c^3}TV\int\frac{\nu^3}{3}\frac{h}{kT}\frac{e^{-h\nu/kT}}{1-e^{-h\nu/kT}}d\nu\ \text{（部分積分）}$$

$$=-\frac{8\pi}{3c^3 h^3}V(kT)^4\int\frac{x^3 e^{-x}}{1-e^{-x}}dx=-\frac{1}{3}U$$

$$\therefore\ P=-\left.\frac{\partial F}{\partial V}\right)_T=\frac{1}{3}\frac{U}{V},\quad S=-\left.\frac{\partial F}{\partial T}\right)_V=\frac{4}{3}\frac{U}{T}$$

11.3 $N=\int\frac{e^{-h\nu/kT}}{1-e^{-h\nu/kT}}\frac{8\pi}{c^3}V\nu^2 d\nu=\frac{8\pi}{c^3}\left(\frac{kT}{h}\right)^3 V\int\frac{e^{-x}}{1-e^{-x}}x^2 dx$

$$\therefore\ S/N=3.6k$$

11.4 エネルギー密度を計算するときは，すべての方向へ動く光子の和を考えたが，特定方向へのエネルギーの流れ J を計算するときには向きまで考えて，

$$J=\int u\cdot c\cos\theta\frac{\sin\theta d\theta d\varphi}{4\pi}$$

ただし，$0<\theta<\pi/2$, $0<\varphi<2\pi$ での積分である(6.3 節の気体の噴出を参照)．

11.5 $$T^4=\frac{J}{\sigma}=\frac{1360}{5.67\times 10^{-8}}\times\left(\frac{1.5\times 10^{11}}{7\times 10^8}\right)^2=0.11\times 10^{16}$$

$$\therefore\ T\simeq 6000\,\mathrm{K}$$

11.6 原子は，$x=dn$ (n は整数) の位置にあるとすれば，波長 λ' の波の原子上での大きさは

$$\sin\left\{2\pi\left(\frac{1}{\lambda}-\frac{m}{d}\right)dn\right\}=\sin\left(\frac{2\pi}{\lambda}dn-2\pi mn\right)=\sin\left(\frac{2\pi}{\lambda}dn\right)$$

これは，波長が λ の波に等しい．

11.7 高温では $x\ll 1$ だから，$e^{-x}\simeq 1-x$

$$\therefore\ u\simeq\frac{12\pi h}{v^3}\left(\frac{kT}{h}\right)^4\int_0^{x_D}x^2 dx=3\frac{kNT}{V}$$

$$\therefore\ C=\frac{d}{dT}(uV)\simeq 3kN$$

これは，単振動1つ当たり $C=k$ という，8.3節の結論に一致する．

11.8 (11.4.4)の右辺は，$\mu=0$ のとき

$$V\left(\frac{2\pi MkT}{h^2}\right)^{3/2} \frac{2}{\sqrt{\pi}} \int_0^\infty \frac{x^{1/2}}{e^x-1} dx$$

$2/\sqrt{\pi} \times$(積分)の部分は1程度の数(正確には約2.6)なので無視すると，上の式が N の程度であるという条件は

$$\frac{N}{V} \sim \left(\frac{2\pi MkT}{h^2}\right)^{3/2}$$

11.9 (1) ボーズ粒子：3つの粒子のエネルギーが，$(0,1,4), (1,1,3), (0,2,3), (1,2,2)$ の4通り．

(2) フェルミ粒子：すべてが違う状態でなければならないので，$(0,1,4), (0,2,3)$ の2通り．

(3) 古典統計：順番まで区別して勘定してから，後で $3!(=6)$ で割る．$(0,1,4)$ と $(0,2,3)$ は順番まで数えるとそれぞれ6通り．$(1,1,3)$ と $(1,2,2)$ はそれぞれ3通り．合計して6で割れば，3通り．(古典統計では，答が整数になるとは限らない．)

索　引

ア　行

圧平衡定数　113
圧力　5
　　——の単位　5
アボガドロ数　7
アルカリ性　121
アンサンブル　44
1次の相転移　137
運動の凍結　104
H 定理　44
永久機関
　　第一種——　29
　　第二種——　29
液体の混合　88
エネルギー効果　65
エネルギー等分配の法則　103
エネルギー方程式　30
エンタルピー　73
エントロピー　23
　　——の定義　59
　　混合の——　87
　　方向の——　91
エントロピー効果　65
エントロピー非減少の法則（熱力学第
　　2法則）　27, 60
エントロピー力　92
オットーサイクル　30
温度　6
　　——の定義　58

カ　行

階乗　34
回転　98
　　——のエネルギー　106
　　分子の——　106
解離　115
解離度　115
ガウス関数　38
ガウス分布　37
化学反応　110
化学平衡の法則（質量作用の法則）
　　113
化学ポテンシャル　70
可逆過程　16
拡散的接触　70
かくはん　9
加水分解　122
カルノーサイクル　20
　　——の効率　21
カルノーの不等式　29

気化熱　119
気体定数　7
気体の混合　86
気体の噴出　81
ギブスの自由エネルギー　69, 73
ギブス・ヘルムホルツの式　74
基底状態　48
希薄溶液　117
キューリー・ワイスの法則　137
凝固点降下　119
　　——定数　122
強磁性相　136
強磁性体　134
共存曲線　125
共存相　125
強電解質　121
クラウジウス・クラペイロンの公式
　　133
クラウジウスの原理　27
クラウジウスの不等式　29
結合エネルギー　110
原子量　7
高温極限　102
光子ガス　140
格子振動　145
高分子　90
黒体放射　143
古典統計　147
古典力学的計算　103
ゴムの状態方程式　93
ゴムの弾性　90
混合のエントロピー　87

サ　行

サックール・テトロードの公式　59
三重点　131
酸性　121
磁化　94
磁化率　95
磁気双極子モーメント　94
示強変数　25, 73
仕事　8, 18
示性変数　25
質量作用の法則（化学平衡の法則）
　　113
　　溶液中の——　120
質量的接触　70
質量モル濃度　120
自発磁化　134
弱電解質　121
自由エネルギー　65

ギッブスの—— 69,73
　　　ヘルムホルツの—— 65,72
自由断熱膨張 17
ジュール・トムソン係数 138
ジュール・トムソンの実験 30
準静断熱膨張 16
準静等温膨張 17
蒸気圧 122
詳細釣り合いの原理 46
常磁性（体） 94
常磁性相 136
状態数 42,48
　　　——の対数 54
状態方程式 7
　　　理想気体の—— 7
状態和（分配関数） 76
蒸発熱 119
ショットキー型熱容量 96
示量変数 25,73,86
振動 98
浸透圧 118
水素イオン 121
水素イオン指数 121
スターリングの公式 36
ステファン・ボルツマン定数 148
ステファン・ボルツマンの法則 143
スペクトル密度 142
生成 115
生成体 110
積分因子 23
絶対温度 7
遷移確率 46
全化学ポテンシャル 71
潜熱 119,132
相図 125
相転移 124
　　　1次の—— 137
　　　2次の—— 137
束縛エネルギー 110

　　　　タ　行

単原子分子 2
　　　——の理想気体 3
単振動
　　　——のエネルギー 100
　　　——の量子力学 100
弾性体 144
弾性波 144
断熱圧縮率 13
断熱伸縮 93
断熱弾性率 96
定圧熱容量 13
低温極限 104
定積熱容量 12

デバイ温度 145
デバイの法則 145
デバイ理論 145
電解質 120
　　　強—— 121
　　　弱—— 121
電離定数 120
電離度 120
等温圧縮率 13
等温伸縮 93
等温弾性率 96
等確率 32
等間隔のエネルギー準位 48
等重率の原理 44
同種粒子効果 53,78
等長熱容量 96
等張力熱容量 96
特性温度 105
ド・ブロイの関係式 50
トムソンの原理 27

　　　　ナ　行

内部運動 2,98
内部エネルギー 2,4
内部化学ポテンシャル 71
2項係数 34
2次の相転移 137
2相共存状態 89
2変数関数 10
熱 9
熱機関 20
　　　——の効率 21
熱的接触 68
熱平衡 6
　　　——の条件 57
熱浴 17,64
熱力学第2法則（エントロピー非減少
　　　の法則） 27,60
熱力学第3法則 105
濃度平衡定数 113

　　　　ハ　行

パウリ原理 148
パウリの排他律 148
半透膜 118
反応進行度 111
反応体 110
非平衡状態 19,42
標準エントロピー 112
標準エントロピー変化 113
標準自由エネルギー変化 113
標準生成自由エネルギー 114
$V-P$ 曲線 18
ファン・デル・ワールスの状態方程式
　　　127

ファン・デル・ワールス理論　127
フェルミエネルギー　149
フェルミ・ディラック分布　149
フェルミ粒子　148
フォノン　144
不可逆過程　16
沸点上昇　119
プランク定数　50
プランクの放射則　143
プランク分布　142
分子間力　126
分子量　7
分配関数　76
　——の独立性　98
平均場近似　127, 134
平衡状態　19, 42
平衡定数　113
並進運動　2
ヘルムホルツの自由エネルギー　65, 72
偏微分　10
方向のエントロピー　91
ボーズ・アインシュタイン凝縮　147
ボーズ・アインシュタイン分布　147
ボーズ粒子　148
母集団　44
ボルツマン定数　7
ボルツマン分布　76

マ 行

マクスウェルの関係式　22
マクスウェルの規則　130
マクスウェル（・ボルツマン）の速度分布　80
マクロの変数　43
モル数　7

ヤ 行

融解熱　119
ゆらぎ　38
溶質　117
溶媒　117

ラ 行

ランダムウォークの問題　40
力学的接触　68
理想気体　3
　——のエントロピー　24
　——の状態数　52
　多原子分子の——　97
　単原子分子の——　3
流体　131
量子統計　147
量子濃度　74, 125
臨界点　131
冷却機関　21
レイリー・ジーンズの放射則　143

■岩波オンデマンドブックス■

物理講義のききどころ 4
熱・統計力学のききどころ

1995 年 1 月25日　第 1 刷発行
2009 年 11 月 5 日　第 13 刷発行
2019 年 11 月 8 日　オンデマンド版発行

著　者　和田純夫（わだすみお）

発行者　岡本　厚

発行所　株式会社　岩波書店
〒 101-8002　東京都千代田区一ツ橋 2-5-5
電話案内　03-5210-4000
https://www.iwanami.co.jp/

印刷／製本・法令印刷

© Sumio Wada 2019
ISBN 978-4-00-730952-6　Printed in Japan